设计+制作+印刷+商业模板+ PS+InDesign

实例教程

胡卫军◎编著

清华大学出版社

北京

内 容 简 介

本书由广告公司资深设计师根据多年的工作经验倾心打造，在对印前工艺中的基础原理进行简明扼要介绍的基础上，以举例说明的方式对印刷品平面设计和处理过程中所涉及的与设计、输入、输出、印刷工艺相关的问题进行了有针对性的讲解，并通过大量典型的商业案例说明印刷设计技术的应用技巧，便于读者学习和理解。

全书共 9 章，包括平面设计行业规范、常见印刷工艺、原稿的处理与色彩调整、卡片设计、宣传广告设计、海报设计、书籍装帧设计、杂志画册设计和包装设计。通过本书的学习，读者可以全面了解平面设计师这一岗位必备的知识和技能，并具备一定水准的独立创作能力，在最短的时间内完成从初学者到行业高手的跨越。

另外，本书还提供了书中所有商业案例制作过程的教学视频，以及所有案例的源文件与素材文件，可帮助读者提高学习效率。

本书适合有一定平面设计软件操作基础的初学者以及平面设计爱好者阅读，也可以为一些设计制作人员以及相关专业的学习者提供参考。

本书封面贴有清华大学出版社防伪标签，无标签者不得销售。

版权所有，侵权必究。举报：010-62782989，beiqinquan@tup.tsinghua.edu.cn。

图书在版编目（CIP）数据

设计+制作+印刷+商业模板+PS+InDesign实例教程 / 胡卫军编著. —北京：清华大学出版社，2021.6
ISBN 978-7-302-57836-9

Ⅰ.①设… Ⅱ.①胡… Ⅲ.①平面设计－图像处理软件－教材 ②PS Ⅳ.①TP391.413

中国版本图书馆CIP数据核字（2021）第057261号

责任编辑：张　　敏
封面设计：杨玉兰
责任校对：胡伟民
责任印制：丛怀宇

出版发行：清华大学出版社
　　　　网　　　址：http://www.tup.com.cn，http://www.wqbook.com
　　　　地　　　址：北京清华大学学研大厦A座　　　邮　　编：100084
　　　　社 总 机：010-62770175　　　　　　　　邮　　购：010-83470235
　　　　投稿与读者服务：010-62776969，c-service@tup.tsinghua.edu.cn
　　　　质量反馈：010-62772015，zhiliang@tup.tsinghua.edu.cn
印 装 者：北京博海升彩色印刷有限公司
经　　销：全国新华书店
开　　本：185mm×260mm　　　印　　张：15.5　　　字　　数：420千字
版　　次：2021年8月第1版　　　印　　次：2021年8月第1次印刷
定　　价：99.00元

产品编号：089192-01

前言
PREFACE

在创意产业快速发展的今天，掌握软件应用技能、设计知识和提高艺术设计修养是每一个设计从业人员应该关注的 3 个重要方面，除了这 3 个方面外，还需要熟悉并掌握一定的印刷知识，这样才能够设计制作出符合行业规范的作品。

本书以平面设计行业规范、平面设计原理、印前技术为基础，通过 Photoshop、Illustrator 和 InDesign 软件的综合应用，使读者掌握卡片设计、宣传广告设计、海报设计、书籍装帧设计、杂志画册设计和包装设计等领域的设计与印前制作。

●●●● 内容安排

本书从平面设计师的实际工作应用出发，通过 9 章内容安排，全面介绍平面设计行业规范、印前技术知识，并通过多个不同类型的平面设计案例全面介绍平面设计中的具体设计方法和技巧。

第 1 章　平面设计行业规范，主要介绍有关平面设计行业的相关知识，使读者对平面设计行业有更加深入的了解和认识。

第 2 章　常见印刷工艺，主要针对平面设计行业中常见的印刷工艺进行讲解，使读者能够对各种印刷工艺有所了解，从而更好地应用到设计工作中。

第 3 章　原稿的处理与色彩调整，设计师在开始设计之前，获取的原稿并不一定都符合设计的要求，还需要对原稿进行相应的处理。本章主要向读者介绍对原稿进行处理的方法以及原稿色调调整的方法。

第 4 章　卡片设计，主要介绍卡片设计的相关知识和规范，并通过对企业名片和会员卡的设计制作，使读者掌握在 Illustrator 中设计制作各种不同类型卡片的方法。

第 5 章　宣传广告设计，主要介绍各种不同类型宣传广告的设计知识，通过对食品宣传广告、房地产 DM 宣传页和楼盘户外广告的设计制作，使读者掌握在 Photoshop 中设计制作各种不同类型宣传广告的方法。

第 6 章　海报设计，主要介绍海报设计的相关知识和规范，明确海报设计的相关要求，通过对红酒宣传海报和品牌推广海报的设计制作，使读者掌握在 Photoshop 中设计制作海报的方法和技巧。

第 7 章 书籍装帧设计，主要介绍书籍装帧的相关设计知识和设计流程，通过对不同种类书籍装帧设计制作的讲解，使读者理解书籍装帧的设计原则，在 Illustrator 中制作出精美的书籍装帧。

第 8 章 杂志画册设计，主要介绍有关杂志和画册版式设计的相关知识，并通过杂志和画册案例的制作，拓展读者在杂志和画册设计方面的思路，使读者能够在 InDesign 软件中进行杂志的排版设计，在 Illustrator 中设计精美的宣传画册作品。

第 9 章 包装设计，主要介绍商品包装设计的相关知识，通过对不同产品包装的设计制作，使读者掌握包装的设计要求，在 Illustrator 软件中制作出精美的包装。

●●● 资源包辅助学习

为了增加读者的学习渠道及学习兴趣，本书配有资源包。读者可扫描下方二维码获取本书中所有案例的相关源文件素材、教学视频和 PPT 课件，使读者可以跟着本书做出相应的效果，并能够快速应用于实际工作中。

源文件素材 1　　　　源文件素材 2　　　　　教学视频　　　　　　PPT 课件

●●● 本书特点

本书是一本实用、综合的平面设计与印前技术指南。书中所有内容紧扣实际工作流程，深入剖析平面设计和印前技术，所有案例均与实际工作紧密结合，使读者能够快速上手。本书主要具有以下几个特点。

- 全面的印前技术讲解

本书语言简洁、图文并茂，书中全面系统地介绍了平面设计的行业知识以及与平面设计相关的印刷技术和印刷工艺。

- 详细的商业案例剖析

书中设计制作的典型商业案例，全面解析创作思路、创作关键点、色彩和版式的搭配特点，详解实现过程，使读者能够快速掌握设计理念和软件功能，提高读者的实际应用软件能力。

- 全面覆盖应用领域

本书涵盖卡片设计、宣传广告设计、海报设计、书籍装帧设计、杂志画册设计和包装设计 6 大类商业案例，全面提高读者的商业设计实践水平。

- 提供配套学习资源

书中所有商业案例均提供了相应的素材和源文件，并且提供了每个商业案例的视频讲解，便于读者跟进练习。读者可扫描书中二维码学习使用。

由于时间较为仓促，书中难免有疏漏之处，在此敬请广大读者朋友批评、指正。

编　者

目 录
CONTENTS

第1章 平面设计行业规范

"设计"一词来源于英文 Design，在现实生活中，设计所涉及的范围很广，包括工业、环艺、装潢、展示、服装、平面设计等。平面广告作为设计的一个重要分支，由于它的广泛性与普遍性使之成为了解设计最为快捷的一种途径。想要学好平面设计，首先需要了解设计的真正内涵。本章将介绍有关平面设计行业的相关知识，使读者对平面设计行业有更加深入的了解和认识。

1.1 了解平面设计与广告公司

想成为一个平面设计师是不容易的，很多初学者认为掌握了类似 Photoshop 这样的软件就能称为设计师，殊不知这是远远不够的。一个真正的平面设计师不只是学会使用几个软件那么简单，好的创意才是平面设计师的生存之道。创意来自灵感，而灵感来自生活，平面设计师需要去体验生活，才能从中发现灵感，学会去创造。

1.1.1 什么是平面设计

平面设计，英文名称为 Graphic Design，Graphic 常被翻译为"图形"或者"印刷"，其作为"图形"的涵盖面比"印刷"大。因此，广义的图形设计，就是平面设计，指的是将不同的基本图形，按照一定的规则在平面上组合成图案。主要在二维空间范围之内以轮廓线划分图与底之间的界限，描绘形象。也有人将 Graphic Design 翻译为"视觉传达设计"，即用视觉语言进行传递信息和表达观点的设计，这是一种以视觉媒介为载体，向大众传播信息和情感的造型性活动。此定义始于 20 世纪 80 年代，如今视觉传达设计所涉及的领域不断扩大，已远超出平面设计的范畴。

1.1.2 平面设计的范畴

平面设计是指经由印刷过程而制作的设计，因此又称为印刷设计，是商业设计的主要范围。如海报、报纸杂志广告、包装、标贴、封面、广告信函、说明书等，又如电影、电视片头、广告影片等设计也包括在内。图 1-1 所示为精美的平面设计作品。

平面设计是设计范畴中非常重要的一个组成部分，所有二维空间的、非影视的设计活动都基本属于平面设计的内容。除了平面上的活动这个含义之外，还具有与印刷密切相关的意思，特指印刷批量生产的平面作品的设计，特别是书籍设计、包装设计、广告设计、标志设计、企业形象设计、字体设计、各种出版物的版面设计等，都是平面设计的中心内容。图 1-2 所示为书籍装帧与画册的设计。

图 1-1　精美的平面设计作品

　　(a)　　　　　　　　　　　　　　　　　　　　　　(b)

图 1-2　书籍装帧与画册设计

　　平面设计是把平面上的几个基本元素，包括图形、字体、文字插图、色彩、标志等以符合传达目的的方式组合起来，使之成为批量生产的印刷品，并具有准确的视觉传达功能，同时给观众以设计需要达到的视觉心理满足。

●●● 1.1.3　平面设计师的要求

　　成为一名优秀的设计师应该具有以下几点能力。
- 具有强烈敏锐的感受能力；
- 不能一味地抄袭，要具有发明创造的能力；
- 具有一定的美学鉴定能力（这说明为什么设计公司在招聘设计师时都要求有美术基础）；
- 对设计构思具有一定的表达能力；
- 具有全面的专业技能。

　　首先，现代设计师必须具有宽广的文化视角、深邃的智慧和丰富的知识，还必须是具有创新精神、知识渊博、敏感并能解决问题的人。他们应考虑社会反映、社会效果，力求设计的作品对社会有益，能提高人们的审美能力，满足人们心理上的需求，还应概括当代的时代特征，反映真正的思想和内涵。

　　其次，设计师一定要自信，坚信自己的个人信仰、经验、眼光和品味。不盲从、不孤芳自赏、不骄、不浮。以严谨的治学态度面对，不为个性而个性，不为设计而设计。作为一名设计师，必须有独特的素质和高超的设计技能，即无论多么复杂的设计课题，都能通过认真总结经验，用心思考，反复推敲，汲取、消化同类型优秀设计的精华，实现新的创造。

> **提示** ▶▶ 当然这点在实际工作中常常难以实现，因为客户往往会加入自己的想法。这时作为一个优秀的、负责任的设计师不能盲目地跟从，更不要产生抵触情绪，要站在客户的立场上，尽可能通过专业的手法表现客户的意图。

设计水平的提高必须在不断的学习和实践中进行。设计师的广泛涉猎和专注是相互矛盾又统一的，前者是灵感的源泉，后者是工作的态度。好的设计并不只是图形的创作，而是综合了许多智慧劳动的成果。涉猎不同的领域，担当不同的角色，可以让设计师保持开阔的视野，可以让设计作品带有更多的信息。艺术之间本质上是共通的，文化与智慧的不断补给是成为设计界常青树的法宝。

平面设计工作是一个主观认定强的创意工作，大部分的平面设计师主要是通过不断地自我教育来进修、提升设计能力的。例如，平时就要多注意各式各样的海报、文化宣传作品、杂志、书籍等的设计手法并加以搜集，或是上网浏览其他设计师的作品，以激发自己的设计灵感。

> **提示** ▶▶ 平面设计师要有敏锐的美感，但对文字也要有一定的素养。因此，设计师平时可以广泛地阅读，增加自身的知识及文字敏感度。此外，很多平面设计师也会利用网络上比较流行的群组来进行意见交流。

还有一点就是要提升自身的专业知识，尽可能多地掌握专业所需的相关知识。例如三大构成、构成基础，这些都是最基础的知识。除此之外，还有素描、色彩、摄影等许多与美术有关的或与设计有关的知识，都需要去了解。其实，做一个设计师需要学的东西很多，所谓"活到老，学到老"，任何时候都不能说自己对某个领域已经完完全全地掌握了，往往都会发现随着学习的深入，反而会觉得自己对专业领域有所匮乏。

1.1.4 平面设计岗位的分类

在设计服务业中，平面设计是所有设计的基础，也是设计业中应用范围最为广泛的类别。平面设计师是在二维空间的平面材质上，运用各种视觉元素的组合及编排来表现其设计理念和形象。一般人眼中的平面设计师就是把文字、图片或各种图形等视觉元素加以适当的影像处理及版面安排，然后表现在报纸、杂志、书籍、海报、传单等纸质媒体上。

但事实上，平面设计并不是如此简单。按照不同的工作性质可以将平面设计师分为平面设计和平面制作两大类。"设计"的主要工作是按照客户的要求创意出一个新的版面样式或构图，用以传达设计者的主观意念；而"制作"则是以创作出来的版面样式或构图为基础，将文字置入页面中，达到构图要求以便完成制作，两者的关系如图 1-3 所示。

平面设计和平面制作两者的工作内容具有一定的关联性，在一些小的设计公司经常是由同一个平面设计师执行的，但因为一般美术设计工作比起版面编排更具创意，所以在一些成熟的广告公司都会细分工作，而且设计的岗位薪水待遇会比制作的岗位薪水待遇高很多。多数的新手都会先从制作开始，然后随着技能和经验的提高才能转换到设计。

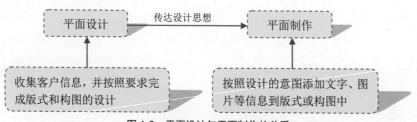

图 1-3　平面设计与平面制作的关系

●●● 1.1.5　平面设计制作的常用术语

设计过程在本质上是平面广告设计师选择和配置广告美术元素的过程。设计的重点是选择特定的美术元素并以其独特的方式加以组合，然后呈现具体的想法，产生形象的表现方式。因此，与其他行业不同，平面设计制作过程中常常需要用到一些专用术语。

1．平面设计元素

平面设计元素包括以下几个方面的内容。

概念元素：即那些不是实际存在或不可见的，但人们的意识又能感觉到的东西。例如，我们看到尖角的图形，感到上面有点，物体的轮廓上有边缘线。概念元素包括点、线、面。

视觉元素：概念元素不在实际的设计中加以体现，它是没有意义的，通常需要通过视觉元素来体现。视觉元素包括图形的大小、形状、色彩等。

实用元素：指设计所表达的含义、内容、目的及功能。

关系元素：视觉元素在画面上如何组织、排列，是靠关系元素决定的。关系元素包括方向、位置、空间、重心等。

2．布局图

布局图是指平面设计作品所有组成部分的整体安排，包括图像、标题、副标题、正文、口号、印签、标志、签名等。

布局图有助于广告公司和广告主预先制作并测评广告的最终形象和感觉，为广告主提供修正、更改、评判和认可的有形依据。

布局图有助于创意小组在设计作品之前对广告拥有初步心理印象，即非文字和符号元素。广告主不仅希望广告能给自己带来客流，还希望广告为自己的产品树立个性，在目标受众的心目中留下不可磨灭的印象，为品牌增添价值。要做到这一点，广告必须明确表现出某种形象或氛围，反映或强调广告主及其产品的优点。

在挑选出最佳设计之后，布局图将发挥蓝图的作用，显示各个广告元素所占的比例和位置。同时，了解广告的大小、图片数量、排字量以及颜色和插图等美术元素的运用情况后，也可以判断出制作该广告的成本。

3．小样

小样是用来具体表现布局方式的大致效果图。小样一般幅面很小，省略了细节，比较粗糙，是最基本的展示。例如，用直线或水波纹表示正文的位置，方框表示图形的位置。然后，对选中的小样再进一步细化。

4．大样

在大样中，设计出实际大小的广告，提出候选标题和副标题的最终字样，安排插图或照片，用横线表示正文。广告公司可以向客户提交大样，征求客户的意见。

5．末稿

末稿的制作非常精细，与成品基本一样。末稿内容一般都很详尽，有彩色照片、确定好的字体风格、大小和配合用的小图像。现在，末稿的文案排版以及图像元素的搭配都由计算机执行，打印出来的广告同四色清样并无太多差别。到这一阶段，所有图像元素都应该最后落实。

6．认可

设计师设计的作品始终面临认可这个问题。广告公司越大，或客户越大，这个问题越复杂。一个新的广告概念首先要经过广告公司创意总监的认可，然后交由客户部审核，再交由客户方的产品经理和营销人员审核，通常他们会进行一些修改，但有时甚至推翻整个表现方式。双方的法律部再对文字和美术元素进行严格审查，以免发生违法违规的问题。最后，企业的高层主管对选定的概念和正文进行审核。

在认可中相对的最大困难是如何避免让决策人打破广告原有的风格。创意小组花费了大量心血才想到的满意题材和广告风格，有可能被广告主否定或修改，此时要保持原有的风格相当困难。为此需要耐心、灵活以及明确有力地表达重要观点、解释设计人员所选择方案的理由。

7．和谐

从狭义上理解，和谐的平面设计是统一与对比的有机结合，而不是乏味单调或杂乱无章的。从广义上理解，是在判断两种以上的要素或部分与部分的相互关系时，各部分体现的一种整体协调的关系。

8．平衡

平衡，在平面设计中指的是根据图像的形状、大小、轻重、色彩和材质的分布情况与视觉判断上的平衡。

9．比例

比例是构成设计中一切单位大小以及各单位间编排组合的重要因素。比例是指部分与部分，或部分与全体之间的数量关系。

10．对比

对比又称对照，把质或量反差很大的两个要素成功地配列在一起，使人感觉鲜明强烈而又具有统一感，使主体更加鲜明、气氛更加活泼。

11．对称

假定在一个图形的中央设定一条垂直线，将图形分为相等的左右两个部分，这两个部分的图形完全重合，这个图形就是对称图。

12．重心

一般来说，画面的中心点就是视觉的重心点。画面图像轮廓的变化、图形的聚散、色彩或明暗的分布都可对视觉中心产生影响。

13．节奏

节奏具有时间感，在平面设计中，指构图设计上以同一要素连续重复时所产生的运动感。

14．韵律

平面构成中单纯的单元组合重复显得单调，如果由有规律变化的形象或色群间以数比、等比处理等方式进行排列，可以使之产生音乐的旋律感，称为韵律。

1.2　常用平面设计软件

目前，平面设计已经被广泛应用于广告、摄影、美术、出版、制版、印刷等众多领域。在实际工作中，成功的设计往往需要运用多种设计方式，只有了解并掌握多种设计软件才能将设计者的设计理念表现出来。常见的平面设计软件有 Photoshop、Illustrator、InDesign、CorelDRAW 等，本节将对一些常用的软件进行相关介绍。

●●● 1.2.1　Photoshop

从功能上看，Photoshop 可分为图像编辑、图像合成、校色调色以及特效制作部分。随着 Photoshop CC 版本的推出，该软件的功能变得日益强大，它可应用的行业也更加广泛了。从平面设计到网页设计，再到三维贴图和动画，都能成为人们使用 Photoshop 展现自我设计能力的舞台。

1．平面设计

Photoshop 具有强大的图像编辑功能，几乎可以编辑所有的图像格式文件，能够实现对图像的大小调整、色彩调整等基本功能。它在平面设计中的应用非常广泛，不论是图书封面，还是大街上经常看到的招贴、海报，这些具有丰富图像的平面印刷品，基本上都需要运用 Photoshop 软件对图像进行处理。图 1-4 所示为一些常见的平面设计作品。

（a）　　　　　（b）　　　　　（c）　　　　　（d）

图 1-4　平面设计作品

2．插画艺术设计

Photoshop 具有良好的绘画与调色功能，许多插画设计制作者通常先使用铅笔绘制草稿，然后再用 Photoshop 填色的方法绘制插画。除此之外，近年来非常流行的像素画也多为设计师使用 Photoshop 创作的作品。图 1-5 所示为 Photoshop 设计的艺术插画。

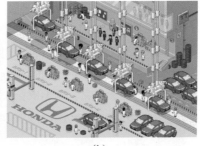

（a）　　　　　　　　　　　　　　（b）

图 1-5　Photoshop 设计的艺术插画效果

3．网页设计

随着网络的普及，对于网页制作的需求也越来越多，除了可以处理制作网页所需的图片外，Photoshop 也适应潮流增加了很多和网页设计相关的处理功能。能够直接将一个设计完成的网页输出成为 HTML 格式，既降低了工作的复杂度，又提高了工作效率。更重要的是使用"动画"面板可以制作出时下流行的 GIF 动画，以供网页制作使用。图 1-6 所示为 Photoshop 设计的精美网页。

（a）　　　　　　　　　　　　　　（b）

图 1-6　Photoshop 设计的精美网页

4．UI 设计

UI 设计是一个新兴的领域，已经受到越来越多的软件企业及开发者的重视，当前还没有用于制作界面设计的专业软件，因此绝大多数设计者使用的都是 Photoshop。使用 Photoshop 的渐变、图层样式和滤镜等功能，可以制作出各种真实的质感和特效。图 1-7 所示为 Photoshop 设计的精美 UI。

（a）　　　　　　　　　　　　　　（b）

图 1-7　Photoshop 设计的精美 UI

5. 数码照片后期处理

摄影作为一种对视觉要求非常严格的工作，其最终成品往往要经过 Photoshop 的处理才能得到满意的效果。Photoshop 具有强大的图像修饰功能，可以快速修复一张破损的老照片，也可以修复人脸上的斑点等缺陷。通过 Photoshop 的处理，可以将原本不相关的对象组合在一起，使图像发生面目全非的巨大变化。图 1-8 所示为 Photoshop 处理的照片效果。

(a)　　　　　　　　　　　　　　　　(b)

图 1-8　Photoshop 处理的照片效果

6. 效果图后期处理

在制作建筑效果图（包括许多三维场景）时，一般只能制作出场景中的主要建筑，对于一些辅助性元素需要到 Photoshop 中添加，例如植物、人物等。还可以在 Photoshop 中对制作完成的效果图进行色彩调整、亮度调整以及重新构图等操作。图 1-9 所示为 Photoshop 修饰后的建筑效果图。

(a)　　　　　　　　　　　　　　　　(b)

图 1-9　Photoshop 修饰后的建筑效果图

7. 绘制或处理三维贴图

在三维软件中，如果能够制作出精良的模型，而无法为模型应用逼真的贴图，那么也无法得到较好的渲染效果。实际上在制作材质时，除了要依靠软件本身具有材质功能外，利用 Photoshop 可以制作在三维软件中无法实现的材质。在 Photoshop 中，可以直接将三维模型导入，并直接在模型上绘制贴图并进行渲染，从而得到更加丰富的三维效果。图 1-10 所示为使用 Photoshop 对三维模型进行贴图处理的效果。

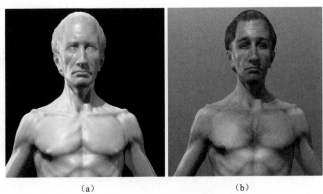

（a） （b）

图 1-10 Photoshop 三维模型贴图处理的效果

1.2.2 Illustrator

Illustrator 是 Adobe 公司推出的专业矢量绘图软件，常被用于标志设计、广告设计、包装设计、插画设计、版式设计以及 UI 设计等。下面将分别对 Illustrator 的应用领域进行简单介绍。

1. 标志设计

标志是一种十分常见的广告形式，具有很强的吸引力，每一个标志就是一件高级的艺术品。标志是一种信息传递艺术、一种常见有力的宣传工具。在广告、网站或摩天大厦等经常能看到设计得非常精美、新颖的标志。标志因为其应用范围的广泛，具有一定的特殊性，所以在设计标志时，通常都会使用 Illustrator 等矢量绘图软件进行设计制作，这样无论如何对所设计的标志进行缩放，都不会出现失真的情况，从而使标志可以适应各种不同类型的应用场合。图 1-11 所示为使用 Illustrator 设计制作的精美标志。

（a） （b） （c） （d）

图 1-11 使用 Illustrator 设计制作的精美标志

2. 广告设计

现代平面广告主要分为报纸广告、杂志和样本广告、户外广告、招贴广告、POP 广告等类别。目前的广告设计基本上是走在前端的，特别是户外、大型海报、广告招牌制作、灯箱广告等，这类广告的目的在于引起人们的广泛注意。为了达到这个效果，设计图稿在设计出来后，需要将其放大至一定程度，设计图稿在放大之后往往会由于像素不够而导致图像不清晰，要使设计图稿在后期的制作打印过程中呈现出最好的效果，就需要使用 Illustrator 制作矢量图像。在 Illustrator 中设计制作的广告，即使放大至很多倍，也不用担心图像像素不清晰。图 1-12 所示为使用 Illustrator 设计制作的广告。

（a）　　　　　　　　（b）　　　　　　　　（c）

图 1-12　使用 Illustrator 设计制作的广告

3．包装设计

包装是品牌理念、产品特性、消费心理的综合反映，在生产、流通、销售和消费领域中，发挥着极其重要的作用。包装是建立产品与消费者亲和力的有力手段，包装直接影响消费者对产品的购买欲，所以产品的包装一定要给人以美感，不论是色彩的搭配还是图形的样式都要别出心裁，给人留下深刻的印象。**Illustrator** 的强大功能使很多手工劳作得以节省，在图案构成和变形组合方面更是带来了出人意料的创意，同时还与 Photoshop 有很好的兼容性，所以 Illustrator 现在被大量用于包装设计中。图 1-13 所示为使用 **Illustrator** 设计制作的产品包装。

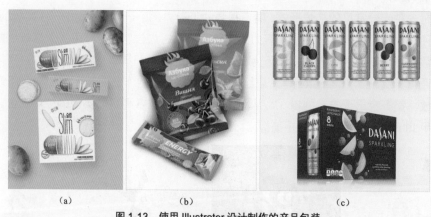

（a）　　　　　　　　（b）　　　　　　　　（c）

图 1-13　使用 Illustrator 设计制作的产品包装

4．插画设计

随着计算机绘图软件的开发和应用，插画的应用范围得到了更为广阔的拓展，无论是在书籍、广告、商业包装中，还是在电视媒体、网络传播中都无处不在。**Illustrator** 是高级手绘插画绘制工具，可以配合多种外置工具使用，如动画板、手绘板，生成矢量格式文件。不管是简洁传统的油画、水彩、版画风格，还是繁杂的现代潮流绘画风格，在 **Illustrator** 中都能轻易地完成。图 **1-14** 所示为使用 **Illustrator** 绘制的精美插画。

5．版式设计

版式设计是平面设计中重要的组成部分，也是视觉传达的重要手段。随着现代科学技术和经济的飞速发展，版式设计的范围可以涉及报纸、杂志、书籍、画册、产品样本、挂历、招贴和唱片封套等平面设计的各个领域。杂志社、出版社和报社等的排版工作都很类似，需要处理的图片较多，对图文混排的要求比较高，同时伴随着大批的发行量，所以在排版过程中需要对图片的类型和图片的清晰度有很高的要求，此时，使用矢量图像就可以避免在打印过程中出现图片有毛边、锯齿或色块的现象。图 1-15 所示为使用 Illustrator 设计的精美版式。

（a）　　　　　　　　　　　　（b）

图 1-14　使用 Illustrator 绘制的精美插画

（a）　　　　　　　　　　　　（b）

图 1-15　使用 Illustrator 设计的精美版式

6. UI 设计

UI 设计是指对软件的人机交互、操作逻辑和界面美观的整体设计。好的 UI 设计不仅可以让软件变得有个性，还可以使软件的操作变得更加舒服、简单和自由，并充分体现软件的定位和特点。

UI 设计就像工业产品中的工业造型设计一样，是产品的重要卖点。一个友好、美观的界面会给用户带来舒适的视觉享受，拉近用户与产品的距离，为商家创造卖点。软件界面设计不是单纯的美术设计，还需要定位使用者、使用环境和使用方式并且为最终用户而设计，是纯粹的科学性的艺术设计。图 1-16 所示为使用 Illustrator 设计的精美 UI。

（a）　　　　　　　　　　　　（b）

图 1-16　使用 Illustrator 设计的精美 UI

1.2.3 InDesign

Adobe 公司的 InDesign 是为专业排版而设计的软件，作为跨媒体出版的领航者，它在多年纸质媒体出版经验的基础上，率先突破了媒体间的障碍，形成强大的电子出版和网络出版的制作功能，从而真正使用户能够应用该软件制作出令人满意的纸质出版物、电子出版物和网络出版物。图 1-17 所示为使用 InDesign 排版的杂志内页。

（a） （b）

图 1-17 使用 InDesign 排版的杂志内页

InDesign 作为一个优秀的图形图像编辑及排版软件，不仅能够产生专业级质量的全彩色输出，较好地与电子出版、网络出版等方面进行结合，而且可以将文件输出为 PDF、HTML 等文件格式。

1.2.4 CorelDRAW

CorelDRAW 是 Corel 公司推出的非常出色的矢量平面设计软件，具有全面、强大的矢量图形制作和处理功能，可以创建从简单的图案到需求很高绘画技法的美术作品，它具有很好的图文混排功能，同时还具有强大的导入和导出功能，兼容性极强。它是目前使用最普遍的矢量图形绘制及图像处理软件之一，该软件集图形绘制、平面设计、网页制作、图像处理功能于一体，深受平面设计人员和数字图像爱好者的青睐。同时，它还是一个专业的编排软件，其出众的文字处理、写作工具和创新的编排方法，解决了一般编排软件中的一些难题。它被广泛地应用于广告设计、封面设计、产品包装、漫画创作等多个领域。图 1-18 所示为使用 CorelDRAW 设计制作的平面设计作品。

（a） （b） （c）

图 1-18 使用 CorelDRAW 设计制作的平面设计作品

1.3　图像格式与分辨率

　　广义地讲，凡是能在人的视觉系统中形成视觉印象的客观对象均可以称为图形。图形图像文件大致上可以分为两类：一类是位图；另一类是矢量图。本节将向读者介绍有关位图与矢量图以及图像分辨率的相关基础知识。

●●● 1.3.1　位图与矢量图

　　位图和矢量图都是平面广告设计中使用频率较高的图像效果，生活中人们常看到的大部分都是位图，例如画报、照片等。矢量图一般都是应用到专业领域，例如平面设计和二维动画制作。

　　1. 位图

　　位图是使用颜色像素表现图像的，位图上的每个像素都有自己特定的位值和颜色值。在处理位图时，所编辑的其实是像素，而不是对象或形状。位图与分辨率有关，也就是说，它们包含固定数量的像素，因此，如果在屏幕上对它们进行缩放或以低于创建时的分辨率打印，将会丢失其中的细节，并会呈现锯齿状。使用数码相机拍摄的照片，通过扫描仪扫描的图片都属于位图。图 1-19 所示为位图，最典型的位图处理软件就是 Photoshop。

(a)　　　　　　　　　　　　　　(b)

图 1-19　位图图像

　　处理位图时，输出图像的质量取决于处理过程开始时设置的分辨率。通常，设置的分辨率越高，图像就越清晰，图像文件也就越大。图 1-20 所示为位图放大后可以看到图像边缘的锯齿。

(a)　　　　　　　　　　　　　　(b)

图 1-20　位图局部放大效果

2. 矢量图

矢量图是使用直线和曲线来描述图形的。这些图形的元素由一些点、线、矩形、多边形、圆和弧线等组成，且都是通过数学公式计算而获得的。矢量图中的图形元素称为对象，每个对象都是一个自成一体的实体，具有颜色、形状、轮廓、大小和屏幕位置等属性，所以在维持它原有清晰度和弯曲度的同时，多次移动和改变其属性，都不会影响图例中的其他对象。图1-21 所示为矢量设计图形，典型的矢量图处理软件除了 Illustrator 之外，还有 CorelDRAW、AutoCAD 等。

（a）　　　　　　　　　　　　　　　　　　（b）

图 1-21　矢量设计图形

矢量图最大的优点是进行放大、缩小或旋转等操作都不会失真，而且图形文件体积一般较小；其最大的缺点是难以表现色彩层次丰富的逼真图像效果。矢量图与分辨率无关，所以无论将矢量图缩放到任意尺寸或按任意分辨率打印，都不会丢失细节或降低清晰度。图 1-22 所示为矢量图放大后仍然能够显示出清晰线条。

图 1-22　矢量图局部放大效果

提示 ▶▶ 由于计算机的显示器只能在网格中显示图像，因此，用户在屏幕上看到的矢量图和位图均显示为像素。

1.3.2　常见图像格式

印前工作中，资料往往都是以图片格式保存。图片有很多格式，如果选择不当，文件会很大，浪费存储空间，下面介绍几种常见的图像格式。

1．JPEG 格式

JPEG 是常见的一种图像格式，它由联合图像专家组（Joint Photographic Experts Group）开发并命名为 ISO 10918-1。JPEG 文件的扩展名为 .jpg 或 .jpeg，其压缩技术十分先进，它使用有损压缩方式去除冗余的图像和色彩数据，获取极高的压缩率的同时能展现十分丰富生动的图像，换句话说，就是可以用最少的磁盘空间得到较好的图像质量。

同时，JPEG 还是一种很灵活的格式，具有调节图像质量的功能，允许使用不同的压缩比例对图像进行压缩。例如，最高可以把 1.37MB 的 BMP 位图文件压缩至 20.3KB。当然我们完全可以在图像质量和文件尺寸之间找到平衡点。由于 JPEG 优异的品质和突出的表现，它的应用也非常广泛，特别是在网络和光盘读物上，肯定都能找到它的影子。目前，各类浏览器均支持 JPEG 图像格式，因为 JPEG 格式的文件较小，下载速度快，使得 Web 页有可能以较短的下载时间提供大量美观的图像，JPEG 也就顺理成章地成为网络上最受欢迎的图像格式。

2．TIFF 格式

TIFF（Tag Image File Format）是 Mac 系统中广泛使用的图像格式，它由 Aldus 和微软公司联合开发，最初是出于跨平台存储扫描图像的需要而设计的。它的特点是图像格式复杂、存储信息多。正因为它存储的图像细微层次的信息非常多，图像的质量也得以提高，故而非常有利于原稿的复制。该格式有压缩和非压缩两种形式，其中压缩可采用 LZW 无损压缩方案存储。不过，由于 TIFF 格式结构较为复杂，兼容性较差，因此有时个别软件可能不能正确识别 TIFF 文件（现在绝大部分软件都已解决了这个问题）。目前，在 Mac 系统和 PC 上移植 TIFF 文件也十分便捷，因而 TIFF 也是现在计算机上使用最广泛的图像文件格式之一。

3．EPS 格式

EPS（Encapsulated PostScript）是 PC 机用户较少见的格式，而苹果 Mac 系统机的用户则用得较多。它是用 PostScript 语言描述的一种 ASCII 码文件格式，主要用于排版、打印等输出工作。EPS 格式可包含矢量数据的图像格式，为 Photoshop 中形状图层、文字等提供了很好的支持。但其在存储的时候文件较大，发排时解析速度比较慢，是 EPS 格式的缺陷。

4．PDF 格式

PDF（Portable Document Format），译为可移植文件格式。PDF 阅读器（Adobe Reader）专门用于打开 PDF 格式的文件。PDF 阅读器是 Adobe 公司开发的电子文件阅读软件，Adobe 公司免费提供 PDF 阅读器下载。国内许多软件下载网站也有 PDF 文件阅读器免费下载。

Adobe 可移植文件格式是全世界电子版文件分发的公开实用标准。PDF 是一种通用文件格式，能够保存任何源文件的所有字体、格式、颜色和图形，而不管创建该文件所使用的应用程序和平台。PDF 文件为压缩文件，任何人都可以使用免费的 PDF 阅读器共享、查看、浏览和打印。使用 Adobe Acrobat 7.0 软件，可以将任何文件转换为 Adobe PDF。

PDF 文件格式的优点在于，文件格式与操作系统平台无关，也就是说，PDF 文件不管是在 Windows，UNIX 还是在苹果公司的 Mac OS 操作系统中都是通用的。这一特点使它成为互联网上进行电子文件发行和数字化信息传播的理想文件格式。越来越多的电子图书、产品说明、公司文告、网络资料、电子邮件开始使用 PDF 格式文件。目前 PDF 格式文件已成为数字化信息事实上的一个工业标准。

1.3.3　关于分辨率

图像分辨率指每单位长度内所包含的像素数量，一般常以"像素 / 英寸"为单位。单位长度内像素数量越大，分辨率越高，图像的输出品质也就越好。常用的分辨率主要有以下几种。

1. 图像分辨率

位图图像中每英寸像素的数量，常用 ppi 表示。高分辨率的图像比同等打印尺寸的低分辨率的图像包含的像素更多，因此像素点更小。例如，分辨率为 72ppi 的 1×1 平方英寸的图像总共包含 5184 像素（72 像素宽 ×72 像素高 =5184），而同样是 1×1 平方英寸，但分辨率为 300ppi 的图像总共包含 90 000 像素。图像应采用什么样的分辨率，最终要以发布媒体来决定，如果图像仅用于在线显示，则图像分辨率只需匹配典型显示器分辨率（72ppi 或 96ppi）；而如果要将图像用于印刷，分辨率太低，打印图像会导致像素化，这时图像需要达到 300ppi 的分辨率。但是如果使用过高分辨率（像素数量大于输出设备可产生的数量），则会增大文件，同时降低输出的速度。

2. 显示器分辨率

显示器每单位长度所能显示的像素或点的数目，以每英寸含有多少点计算。显示器分辨率由显示器的大小、显示器像素的设定和显卡的性能决定。一般计算机显示器的分辨率为 72dpi（dpi 为"点每英寸"的英文缩写）。

3. 打印分辨率

打印机每英寸产生的墨点数量，常用 dpi 表示。多数桌面激光打印机的分辨率为 600dpi，而照排机的分辨率为 1200dpi 或更高。喷墨打印机所产生的实际上不是点而是细小的油墨喷雾，但大多数喷墨打印机的分辨率为 300 ～ 720dpi。打印机分辨率越高，打印输出的效果越好，但耗墨也会越多。

1.4　设计前的准备工作

设计师在设计制作前，应该了解制作和打印时遇到的相关问题，以及如何应对，本节主要对原稿处理、Photoshop 与排版软件、传统印前技术、数字印前技术的发展趋势进行详细介绍。

1.4.1　原稿处理

像照片、摄影底片、印刷品上的图片、画稿这样的原稿，必须通过扫描或拍摄才能变成计算机文件供设计师使用，这就叫实物原稿。

扫描仪本身并不能自主完成扫描的工作，它必须与计算机配合。它们之间连着一条电缆，而且计算机上需要安装扫描驱动程序。扫描员从 Photoshop 的"文件→输入"菜单中打开扫描驱动程序，单击"预览"按钮，扫描仪中的灯管就开始移动，这是对原稿进行粗略的采样以便让人能够在屏幕上看到它的概貌。当图像出现在预览窗口中时，扫描员选择适当的扫描范围，对色彩模式、分辨率等选项做适当的设置，然后单击"扫描"按钮，灯管又开始移动，这次是精细采样，移动得比较慢，扫描仪会源源不断地将数据传入计算机，最后在 Photoshop 中打开一个新窗口显示扫描的结果。图 1-23 所示为扫描仪。

图 1-23　扫描仪

还有一类原稿叫作数字原稿，如图库、数码相机、互联网中的图像，本身已经是数字文件，可以直接用 Photoshop 处理。

●●●　1.4.2　Photoshop 与排版软件

原稿处理过后，便进入设计和制作阶段了。

设计师常用的软件有两种：图像处理软件和排版软件。图像处理软件以 Photoshop 为主，擅长编辑图像的颜色、尺寸、分辨率和格式等，以及处理图像特效；排版软件则擅长组合文字和图片，有多种软件，如 InDesign、PageMaker、CorelDRAW、Illustrator 等，每个设计师都可以选择自己习惯的一两种，不必所有软件都精通。例如，排单页使用 Illustrator，排书稿杂志使用 InDesign，有两种排版软件加上 Photoshop 基本上就可以开展日常的工作了。

设计师在接到任务时，往往先迅速地做出一些方案供客户选择，注重整体效果，技术上不一定抠得很细。这个方案可以使用 Photoshop 做，如图 1-24 所示，也可以使用排版软件直接进行排版设计，如图 1-25 所示。

图 1-24　使用 Photoshop 处理效果图

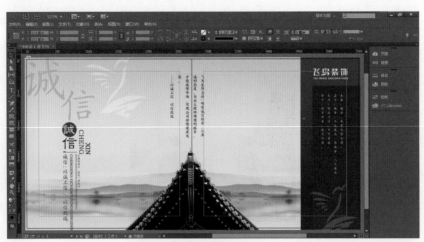

图 1-25 使用 InDesign 进行排版处理

Photoshop 特别擅长处理图片，如果版面中图片比较多，可以使用 Photoshop 制作方案，不过 Photoshop 存储的 PSD 格式文件是不能出片的，最后还需要通过排版软件，哪怕只有一张图，也需要置入排版软件中进行出片。

使用排版软件直接进行排版设计，适用于那些文字比较多、图片较少的版面。往往先置入刚扫描的草图，编排文字，等客户确认了方案以后，再使用 Photoshop 对设计稿中图片的颜色、画质、分辨率、色彩模式、尺寸等进行调整。

●●● 1.4.3 传统印前技术简介

从初期的纯手工制作到目前的电子作业流程，科技带给印刷的改变非常大，印前设计也有很大的变化。

早期的印前技术是手工作业流程，需要先规划版面及页数，并将文字与图片分别进行制作。其制作流程如下：

（1）文字。先计算好字体大小以决定字型、样式并标示完整稿，然后交打字部打出。如果计算出错（字体太大或太小），则需要利用大型照相机将文字缩放至适合的大小，再洗成相纸以便完稿。

（2）图片。先决定图片大小和图片要缩放的比率，如需特别修整原稿的调子或色彩的图，还需指明，然后发送分色扫描输出网片，再经印刷打样机打样，传统照相机分色。

（3）完稿。编排事先规划的文字与图片，将文字粘贴在版面上，并用针笔绘制图框位置，完成后将版面影印，再将图片样张粘贴上，并送给客户校对。

（4）修改。校对后需修改或增减文字，有时为了加减一个字而一排一排地挪动，较麻烦；如果客户对部分图片质量不满意，除了重新分色以外就要靠工作人员的经验修改了。修整后还得经打样机打样，直到客户确认无误后，方可进行拼版。

（5）拼版。拼版有"小拼版"与"大拼版"之分。在进行小拼版之前，要先将改好的完稿作文字线条照相，由于照相打字常因显影控制不当而造成同一版面上的文字粗细不一，这就需要根据工作经验，调整曝光时间改善字体的粗细问题。拿到文字底片后，要先进行修片，将文字底片上的脏点修改干净，然后将图像与文字结合拼贴，并依据设计批示的色彩进行铺平、复制等流程。完成小拼版后，再根据页序的位置落版加以拼贴成大版，完成大版后再进行晒版、印刷。

在这种传统的印前工作流程中，不可避免地要在某些部分不断地修改，如此反复的作业流程，会出现一些烦琐的修改，不但会影响工作时间，增加印刷成本，而且繁杂的工作流程，因人为疏忽而造成错误，也会影响印刷品的质量。

1.4.4 数字印前技术的发展趋势

数字信息技术的发展给印刷技术，特别是印前技术带来革命性的变化，新型印前技术大大简化了印前过程。直接制版技术是未来十年印刷技术发展的主力军与焦点。

（1）21 世纪的印刷业，占主导地位的将不再是照排、胶片、PS 版的传统制版工艺，直接制版技术已经开始了大规模的普及。

（2）直接制版和数字化印刷成了发展的主流，印刷业将进一步实现全数字化，提高印刷效率。直接制版技术提高了制版效率，使印刷品的整个生产周期缩短，印刷质量也得到提高。整个印前乃至印刷业的焦点都集中于此。

（3）直接制版技术的广泛应用使传统制版设备及材料的市场不断萎缩，如照排机、冲片机、晒版机、PS 版冲版机等设备的生产量都大幅度下降。

（4）从印刷业的发展来看，印前技术的每一次革命性发展都极大地推动了印刷业的进步，同时，印刷业的每一次进步也都离不开印前技术的发展。可以说，未来十年内印刷业的发展在很大限度上取决于印前技术的进步，未来印前技术发展的焦点则是直接制版技术的不断发展与普及。

（5）数字化技术在印前领域有很大的提高，印前设计及图片等信息的传递主要通过网络或电子媒介。印前技术的跨地区、跨国、跨洲的协作可成为普遍的现象，还可以通过网络等手段进行价格协商、提供业务、交换信息以及远程打样、跟踪生产等。产品可以在世界的任何地方完成设计制作，然后方便快捷地到其他地方进行制版和印刷。

（6）随着印刷技术的进步与市场竞争的激烈，企业对印前自动化程度的要求更高，而CTP（直接制版技术）正是促进印刷生产完全自动化的重要一环。

1.5 本章小结

本章主要介绍了平面设计行业的相关知识，使读者对平面设计和平面设计师的相关工作有一定的了解。并且还讲解了位图与矢量图的区别和设计前的相关准备工作等内容，使读者深入理解成为一个平面设计师所需要具备的相关技能要求，为接下来的学习打下良好的基础。

第 2 章　常见印刷工艺

很多平面设计行业中的新人在刚开始自己的设计生涯时，常常会遇到自己所设计的作品不能在印厂正常印刷的现象，甚至出现印刷事故，从而造成经济损失。这都是由于设计师对印刷工艺不够了解造成的。本章针对平面设计行业中常见的印刷工艺进行讲解，使读者能够对各种印刷工艺有所了解，从而更好地应用到设计工作中。

2.1　印刷色彩分类

在进行印刷设计之前，首先应该了解常见印刷的分类，本节针对印刷中色彩分类进行学习，常见的印刷色彩有单色印刷和多色印刷。单色印刷并不限于黑色一种，凡是只用一种颜色显示印纹的都属于单色印刷。多色印刷又分增色法、套色法、复色法 3 类。

- 增色法是在单色图像中的双线范围内，加入另一个色彩，使其更加明晰，利于阅读。一般儿童读物的印刷品，多采用这种方法。
- 套色法是各色独立，互不重叠，也没有其他色彩作为范围边缘线，依次套印在印刷纸上的方法。一般商品包装纸及地形图等印刷品多采用这种方法。
- 复色法是依据色光加色混合法，使天然彩色原稿分解为原色分色版，再利用颜料减色混合法，使原色版重印在同一被印物质上。因原色重叠面积的多少不相同，从而得出类似原稿的天然彩色印刷品。

所有的彩色印刷品，除少量的增色法和套色法外，其余的全都是用复色法印刷。下面针对单色印刷、双色印刷、多色印刷进行详细讲解。

●●● 2.1.1　单色印刷

单色不是人们所想的 CMYK（印刷色彩模式）中的一个颜色。如果用户确定采用了一种专色，并且使用这种颜色印刷，也称为单色印刷。

比较常见的单色印刷主要是黑色印刷。在表现单色印刷中的灰度时，最深的实底是100%，白的是 0。其间不同的深浅灰调用不同的网点制成，即利用百分比控制。为了便于阅读，通常在 50%～ 100% 的深灰色调上应用反白字，而 0%～ 50% 则使用黑字，但也应根据单色的不同而酌情考虑。单色印刷中也可以使用渐变效果，但是一般的单色印刷机采用渐变，效果不会太好。

提示 ▶▶ 渐变就是网点，只要机器性能较高，网点还原的能力不是太差就可以采用。决定采用前要让印刷公司提供机器印刷的样品。

单色印刷中的图片如果是 .bmp 格式，分辨率建议至少为 1000dpi，如果是灰度，分辨率为 300dpi 就可以。如果印刷报刊，则可以将图片分辨率设置为 150dpi，铜版纸印刷设置为 300dpi。图 2-1 所示为单色印刷的手提袋效果图。

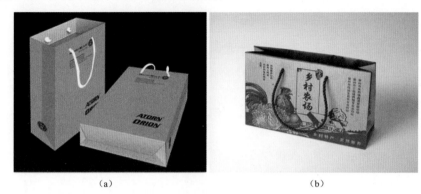

(a)　　　　　　　　　　　　　　　　(b)

图 2-1　单色印刷的手提袋

2.1.2　双色印刷

双色印刷相当于使用两个专色进行印刷，在早期的节日报纸中，一般都是采用"黑色 + 红色"的双色印刷。

如果使用的青（C）、洋红（M）两个专色，那么使用 Photoshop 处理图像时可以将黄（Y）、黑（K）两个通道填充为白色，只显示 C、M 两个通道。需要注意的是，C、M 两个通道的颜色不要太深。在使用排版软件进行排版时也要注意尽量使用 C、M 两个颜色，才可以保证有良好的印刷效果。图 2-2 所示为使用双色印刷的杂志。

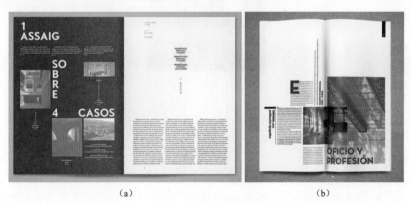

(a)　　　　　　　　　　　　　　　　(b)

图 2-2　双色印刷的杂志

2.1.3　多色印刷

在一个印刷过程中，在承印物上单面印刷两种以上颜色的油墨，叫作多色印刷。一般指利用青（C）、洋红（M）、黄（Y）三原色油墨和黑（K）油墨叠印再现原稿颜色的印刷。多色印刷实际上就是用 4 种油墨配出几乎无限多的颜色，其中，青色油墨很像绘画中的湖蓝，洋红很像玫瑰红，黄色接近中黄，如图 2-3 所示。

（a）青色　　　　　　　（b）洋红　　　　　　　（c）黄色　　　　　　　（d）黑色

图 2-3　青色、洋红色、黄色和黑色 4 种油墨色彩

设计师在日常工作中所设计的大多数彩色画册、书刊、海报、宣传单、包装等都采用多色印刷。为什么 4 种油墨就可以配出丰富的色彩呢？而且为什么用的是这 4 种油墨而不是其他油墨呢？

（1）青、洋红和黄是色料中的三原色，它们不能用其他的颜色配出来，但它们可以配出其他的颜色。

（2）黑色是必需的颜色，因为仅仅以三原色配色时，最深也只能得到一种深灰色，不足以表现很多画面的暗部。而且即使在亮部、中间调也需要一些黑色。从分色版上看，黑色是整个画面明暗的骨架。图 2-4 所示为彩色印刷品。

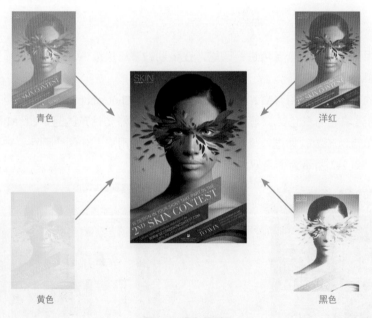

青色　　　　　　　　　　　　　　　　　　　　　　　洋红

黄色　　　　　　　　　　　　　　　　　　　　　　　黑色

图 2-4　彩色印刷品

对于一些特殊颜色或专门颜色的印刷品、线条图表、专色商标、包装装潢、票据等，需要使用青、洋红、黄、黑这 4 种油墨调配出特定颜色，或由颜料制造商提供专色颜料，再由油墨厂制造专色油墨进行印制。

20 世纪 90 年代以来，随着图像信息处理技术的发展，利用青、洋红、黄、黑、红（R）、绿（G）、蓝（B）七色油墨印刷的多色印刷品相继问世，印刷工艺也日趋完善，使图像原稿的颜色达到了高保真的境界，因此也称为高保真印刷。

2.2　印刷的基本要素

传统的模拟印刷，必须具有原稿、印版、油墨、承印物、印刷机五大要素，才能生产出印刷成品。

对数字印刷而言，也必须具有原稿、承印材料、印刷机械等，但是有的数字印刷过程无须印版和印刷压力，直接将页面数字信息利用色粉和色料呈现在承印材料上。有些数字印刷也需要印版和印刷压力，只不过这种印版上的信息是数字形式的而非模拟信号。

●●● 2.2.1　原稿

在印刷领域中，制版所依据的实物或载体上的图文信息叫作原稿。由于原稿是印刷的依据，因此原稿质量的好坏，直接影响着印刷成品的质量。所以在印刷之前，一定要选择和制作适合于制版、印刷的原稿，以保证印刷品达到质量标准。

原稿有反射原稿、透射原稿、电子原稿等，每类原稿又可以分为文字、线条、图像或单色、彩色等。其中，透射原稿是以透明材料为图文信息载体的原稿，如负片和正片等。图 2-5 所示为彩色负片原稿，图 2-6 所示为彩色正片原稿。但是，近年来胶片载体逐渐被淘汰，数字化时代已经来临，更多的是不可见的数字化载体，如在计算机中输入的文字、绘制的线条或图像原稿、数码相机拍摄的图像、扫描仪扫描的图像等，它们必须借助显示器、屏幕或投影仪等显示装置才能成为可视图像。

图 2-5　彩色负片原稿

图 2-6　彩色正片原稿

●●● 2.2.2　印版

印版是用于传递油墨至承印物上的印刷图文载体。将原稿上的图文信息制作在印版上，印版上形成有图文部分和非图文部分，印版上的图文部分是着墨的部分，所以又称为印刷部分；非图文部分在印刷过程中不吸附油墨，所以又称为空白部分。

印版按照图文部分和空白部分的相对位置、高度差别或传递油墨的方式，可分为凸版、平版、凹版和孔版 4 种。用于制版的材料有金属和非金属两大类。

1. 凸版

在凸版印刷中，印版上的图文部分网点凸出，空白部分网点凹下，上墨时图文部分自然比空白部分优先接触油墨。凸版印刷的优点是墨色浓厚，色调鲜艳，印纹清晰有力；其缺点是网点的形状保持得不太好，大网点易糊版，小网点易丢失，甚至 10% 的网点都可能印不出来（在平版胶印中，最多 5% 的网点印不出来）。凸版印刷不适合精致的、大面积的印刷品，它通常用于信封信纸、名片、请柬、公务表格、教科书、纸箱纸盒、塑料或金属标牌、餐巾纸、卫生纸等。图 2-7 所示为采用凸版印刷的印刷品。

（a）　　　　　　　　　　　　　（b）

图 2-7　采用凸版印刷的印刷品

2. 平版

平版印刷是许多种印刷方式中最常见的一种，例如画册、海报、杂志、书刊、包装等，大多数都是采用平版印刷。平版印版上的图文部分和空白部分，没有明显的高低之差，几乎处于同一平面上。一般的平版 PS 版或 CTP 版，图文部分略高于空白部分。印版的图文部分亲油疏水，空白部分则亲水疏油。常用的印版有用金属为版基的 PS 版、CTP 版、平凹版、多层金属版，以及用纸张和聚酯薄膜为版基的平版。

3. 凹版

在凹版印刷中，印版上图文部分的网点凹陷，空白部分的网点凸起，要印的颜色越暗，凹陷越深。印刷时，版面先涂上油墨再用墨刀刮去空白部分的油墨，然后靠印刷压力把凹孔里的油墨按到承印物上。由于可以通过凹陷的深度来控制油墨厚度，因此凹版印刷的层次可以比平版印刷丰富，而且凹版比平版耐用得多，适合大批量印刷。但是，凹版的成本高，一般的印刷品不必使用这种印刷方式，它通常用于印刷股票、邮票、有价证券、大批量的包装等。图 2-8 所示为采用凹版印刷的印刷品。

（a）　　　　　　　　　　　　　（b）

图 2-8　采用凹版印刷的印刷品

4. 孔版

在孔版印刷中，印版上图文部分的网点是穿孔的，能让油墨透过，而空白部分则是不能透过油墨的。在孔板印刷中，最常见的是丝网印刷，其又称为"万能印刷"，因为它可以印刷几乎所有的材料，如纸张、塑料、金属、皮革、玻璃、陶瓷、木材等，以及任意形状的表面，如平面、圆柱面、圆锥面、球面、不规则的表面等。它的墨层很厚，特别适合某些需要厚度才能出效果的特种油墨，如弹性油墨、发泡油墨、皱纹油墨、冰花油墨、水晶油墨、立体光栅油墨等。丝网印刷还有一个优点是印刷的面积不受限制，很多巨幅海报就是采用这种方式印刷的。丝网印刷的缺点是印刷精度不够高，小网点易丢失，大网点易合并，而且印刷速度慢。图 2-9 所示为采用孔版印刷的印刷品。

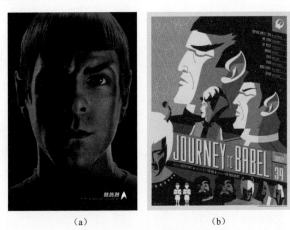

（a） （b）

图 2-9 采用孔版印刷的印刷品

2.2.3 油墨

印刷油墨是在印刷过程中被转移到承印物上的成像物质。承印物从印版上转印图文，图文的显示由色料形成，并能固着于承印物表面，成为印刷痕迹。

油墨的制造工艺比较复杂，它是由固体和液体等多种物质按一定比例有序组合的。随着印刷技术的发展，油墨的品种不断增加，分类的方法也很多，可以按照印刷工艺过程的不同进行分类，也可以按照干燥形式或用途不同进行分类。

油墨的印刷适性是指油墨与印刷条件相匹配并适合印刷作业的性能，主要有黏度、黏性、触变性、干燥性等。

2.2.4 承印物

印刷承印物是接受印刷油墨或吸附色料并呈现图文的各种物质的总称。传统印刷是将油墨转印在纸上的，所以承印物主要就是纸张。随着科学技术的发展，印刷承印物的范围不断扩大，现在不仅包括纸张，还包括各种非纸张材料，如纤维织物、塑料、木材、金属、玻璃、陶瓷等。

将各种单一材料混合而成的承印物称为合成纸。合成纸以合成的高分子物质为主要原料，通过加工方法，赋予纸张的印刷适性并用于印刷。合成纸的制造使得承印物的种类增多，有利于环境保护。纸张作为主要承印物的基本要素有以下几点。

1. 纸张的尺寸规格

纸张的尺寸规格分为平版纸和卷筒纸两种。

根据《印刷、书写和绘图纸幅面尺寸》（GB/T 148—1997）规定，平版纸张的幅面尺寸有A、B系列。A系列为841mm×1189mm、594mm×841mm。B系列为1000mm×1414mm、707mm×1000mm等。图2-10所示为平版纸张。

纸张的裁剪有A1到A4、B1到B5等，A和B代号后面的数字，表示将全张纸对折后长边裁切的次数，如A4表示将A系列全张纸对折长边4次，裁剪为16开；B5表示将B系列全张纸对折长边5次，裁剪为32开。

卷筒纸的长度一般6000m为一卷，宽度尺寸有787mm、860mm、880mm、1092mm等。图2-11所示为卷筒纸张。

图2-10　平版纸张　　　　　　　　图2-11　卷筒纸张

2. 纸张的质量

纸张的质量用定量和令重来表示。

定量是单位面积纸张的质量，单位为g/m^2，即每平方米纸张的质量。常用的纸张定量有50 g/m^2、60 g/m^2、70 g/m^2、80 g/m^2、100 g/m^2、120 g/m^2、150 g/m^2等。定量越大，纸张越厚。令重是印刷业的计量方法，指每令纸张的总质量，单位是kg。1令纸张为500张，每张的大小为标准规定的尺寸，即全张纸或全开纸。

根据纸张的定量和幅面尺寸，可以用下面的公式计算令重：

$$令重（kg）= 纸张的长（m）× 宽（m）×500× 定量（g/m^2）÷1000$$

卷筒纸的计量是以质量表示的。由于卷筒纸的长度无法精确计算，一般按6 000m计算。卷筒纸的净重可以按以下公式计算：

$$卷筒纸净重 = 定量（g/m^2）× 卷筒纸长（m）× 卷筒纸宽（m）÷1000$$

3. 印张

在书刊印刷中，计算印刷用纸量时，常常用印张来表示。全张纸幅面的一半（即一个对开张）两面印刷后称为一个印张。书刊中的一张纸称为"页"，一页的正反面共有两个页码，故一页有两"面"。在开本确定的前提下，一个印张的页数与开数相同，页数是其1/2。以32开本图书为例，一个印张有32个页码，共32面，合16页。印张的计算公式如下：

$$印张数 = 页码数 ÷ 开本$$

如果印张数在计算中出现小数，一般要根据"使不足一个印张的零页呈双数占4个页码状态"的原则向上进位，以便于印刷、装订。

4. 纸张的印刷适性

纸张的印刷适性非常重要，关系到印刷工艺过程能否顺利进行和印刷品的质量。主要的印刷适性有物理性质，如平滑度、吸墨性等；有机械性质，如抗张强度、表面强度等；有光学性质，如纸张白度、不透明度、光泽度等；有化学性质，如纸张含水率、pH 等。

●●● 2.2.5　印刷机

印刷机是用于生产印刷品的机器、设备的总称。它的功能是使印版图文部分的油墨转移到承印物的表面，并能够大批量快速生产的工具。印刷机一般由输纸、输墨、印刷、收纸等装置组成。平版印刷机还有输水装置。印刷机一般按照纸张规格分为单张纸印刷机和卷筒纸印刷机，也有按照印版类型分为胶印机、凹印机、柔印机、丝印机和数码印刷机。图 2-12 所示为平版印刷机，图 2-13 所示为凸版印刷机。

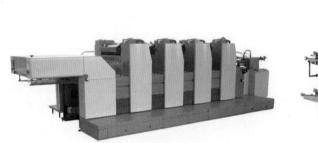

图 2-12　平版印刷机

图 2-13　凸版印刷机

2.3　了解不同的印刷技术

印前系统的不同输出过程如图 2-14 所示。

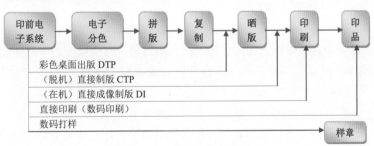

图 2-14　印前系统的不同输出过程

●●● 2.3.1　彩色桌面出版系统（DTP）

DTP（Desk Top Publishing）一词出现于 1985 年，它实质上就是通过个人计算机进行文字图像综合处理的整页拼版及分色系统，经过激光照排输出软片。1994 年以后，桌面出版技术首先在我国广告制作与设计领域推广应用，并广泛应用于报业、书刊及包装印刷业。

●●● 2.3.2 计算机直接制版技术

CTP（Computer To Plate）是指经过计算机将图文直接输出到印刷版材上的工艺过程。传统的制版工艺中，印版的制作要经过激光照排输出软片和人工拼版、晒版两个工艺过程。CTP技术不用制作软片，不依靠手工制版，输出印版重复精度高，网点还原性好，可以根据完善的套印精度缩短印刷准备时间。

CTP 技术实际上是印刷产业技术数字化发展的必然结果。CTP 已经不再是一个孤立的设备或器材，它是一个完整的系统工程，需要配套的数字化环境、控制管理技术和设备器材之间的协调作用才能发挥其所具有的潜能和优势。

CTP 工作流程所覆盖的范围已经从前端设备一直延伸到印刷机，甚至要延伸到印后工序，实现了印刷生产系统的高度整合和生产流程的综合管理与控制。在这种高度整合的生产系统中，传统的印前、印刷和印后工序由计算机网络连接成一个整体（系统的无缝连接），各种设备和器材都作为整合系统的组件在系统级别上被集中统一管理和控制，所有生产信息和产品资源在系统的各个组件上实现无缝传输、交换和共享。数字化工作流程及管理成为 CTP 技术运行的必要条件和关键。

由于网络技术、数字化技术的发展，为了提高工作效率，人们采用标准化的工作流程技术管理印前过程。工作流程技术在中国的推广具有独特的方式，大多数企业都以实现 CTP 输出为目标，从实现数字化开始，逐步实现数码摄影、数码打样、色彩管理、数字工序管理、网络传送，最终实现全流程数字化。在数字化工作流程的技术发展过程中，CIP3/CIP4、色彩管理等技术扮演了重要的角色。

●●● 2.3.3 在机直接成像制版（DI）技术

与脱机直接制版相比，DI（Direct-Imaging）在机直接制版最大的优点是制版速度快和开机前准备时间短，非常适合用于交货期短的短版印刷市场。常常采用无须后处理的成像技术和版材系统。DI 相对于传统胶印的优势如下：

（1）计算机直接到印刷机，可完全实行标准化、数据化质量控制。

（2）网点质量高，直接成像、印版免冲洗、完全避免了网点损失，可在印版上完全清晰再现 1%~99% 的网点，网点层次更丰富、更连续；边缘锐利、上墨更迅速、网点扩大率小、可印刷高密度文件；印刷品的颜色更鲜艳，反差更明显。

（3）数字拼大版，拼版效率大大提高，套印准确性大大提高，减少人为错误。

（4）基于 ICC 的色彩管理，通过指定的数码打样设备，精确模拟印刷机色彩空间。

（5）即时打样，最后一分钟修改。

（6）全自动印刷操作，从自动装版到自动清洗。

（7）全数字化流程，印前数据直接遥控墨斗墨区预设。

（8）稳定可靠，校准简单方便。

2.3.4　数码打样技术

打样技术是印刷复制技术的重要组成部分。数码打样是将数字页面直接转换成彩色样张的打样技术，无须任何中介，如胶片、印版等，是 CTP、DI 必不可少的配套技术。数码打样技术又分为软打样和硬打样。软打样是将数字页面直接在彩色显示器上进行显示，它能够做到与计算机处理实时显示，具有速度快、成本低的优点，但因为是加色法显色原理，而且材质和观察条件也与实际印刷品相差较远，如今出现利用液晶显示屏的软打样，已有改进。硬打样如同计算机彩色喷绘一样，直接将数字页面转换成彩色硬拷贝（采用喷墨打印、染料升华、热蜡转移、彩色静电照相等成像技术）。由于计算机图像处理和模拟、控制技术的进步，尽管纸张和呈色剂都与实际印刷不一样，但数字硬打样已经可以做到与实际印刷品效果非常接近。

随着色彩管理及网络技术的普及，可以利用数码打样技术实现远程打样，作为与客户沟通之用。

2.3.5　数码印刷技术

使用激光或发光二极管对电子印版或感光鼓进行蚀刻或电子成像，将数码化的图文信息直接从计算机印刷出来。电子印版或感光鼓可以一边印刷，一边改变每一页的图像或文字。

数码印刷机（Digital Press/Printer）的出现使数字页面向印刷品的直接转换成为可能，将传统的印前、印刷甚至印后操作融为一个整体，由计算机系统统一完成。这是一个"彻头彻尾"的数字化生产技术，在整个生产过程中没有任何物理媒介存在，所有产品在与顾客见面之前都以数字方式在生产系统中存在、流通和处理加工。数码印刷不再使用传统意义上的印版，而使用无版印刷方法（Plateless Printing），因此具有可变信息印刷（Variable Information Printing）和按需印刷（On-demand Printing）的能力，数码印刷将成为正在兴起的按需 / 个性化印刷市场的主要技术手段。

这是一个以信息数字化、网络化为主要技术特征的知识经济时代，印刷出版业已成为信息媒体的主要提供者，成为信息产业的一个重要组成部分。

2.4　印刷前的设计与制作

原稿通常用 DTP 来完成制作处理，并最终形成标准付印样。DTP 系统通常由 4 部分组成，即图文信息输入部分、图文信息处理部分、页面描述语言解释部分和图文信息输出部分。标准付印样应包含出血、尺寸、咬口、裁切线、套印标记、色标条、日期等印刷信息。

2.4.1　印刷设计与制作

（1）设计素材准备：插图绘制、摄影图片准备、文字稿录入计算机。

（2）设计草稿绘制：版面编排样式、标题字、图文混排效果图。

（3）设计正稿制作：计算机排版、标题美术字黑白稿绘制、图形黑白稿绘制、美工拼贴完成。

（4）拼版：图文混排组版的电子文件，按要求合成大版并存储为出片文件。

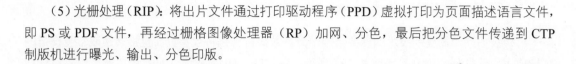

（5）光栅处理（RIP）：将出片文件通过打印驱动程序（PPD）虚拟打印为页面描述语言文件，即 PS 或 PDF 文件，再经过栅格图像处理器（RP）加网、分色，最后把分色文件传递到 CTP 制版机进行曝光、输出、分色印版。

2.4.2　标准付印样的要求

标准付印样是符合印刷标准的印刷文件，对于印刷出高品质的印刷品很重要，在印刷设计之前要注意以下几点：

（1）检查页面尺寸规格是否正确。

（2）正确确定扫描精度及放大倍数。

（3）必须定义好"出血"的位置和尺寸。

（4）加网网点设置的最大、最小允许值，如最小 3%，最大 97%。

（5）彩色印刷中如果有大面积的纯黑色底，建议使用 K100、C30 配色。

（6）在杂色图案上印刷反白字或反白细线，使用清晰的字体，如黑体。

（7）字体输出前要转为位图格式。

（8）文件色彩模式必须是 CMYK 模式或灰度模式。

（9）删除没有用的元素。

2.4.3　印前制版

制版方法一般分为胶印工艺的 PS 制版和 CTP 制版，凹印工艺的雕刻制版和腐蚀制版，柔印工艺的雕刻制版和照相制版，丝印工艺的照相制版等。由于出版物印刷基本上都采用胶印工艺，在此仅介绍胶印工艺的制版。

胶印工艺的 PS 制版是用照排机输出的整版胶片，经过晒版机晒印到涂有感光液的 PS 印版上，再经显影、定影制成平版。CTP 制版简化为计算机中的整版信息直接通过制版机在 CTP 印版上成像，再经显影、定影制成平版。最新的 CTP 制版无须制作胶片，通过激光直接在印版上制版，时间短，质量高。

正是在制版时，计算机中的不可见图像信息转变为可视图像，形成印版上的图像部分和非图像部分。此时，需要对图像加网处理，以反映图像的阶调层次，如网点形状、网线密度、网线角度等，它们决定着影像色调的浓淡和层次。

2.5　印刷过程与印后加工

完成印刷前的准备工作后，就可以选择合适的印刷设备进行印刷品的印刷输出操作了。印刷品输出完成后，还可以根据需要为印刷品增添相应的后期工艺处理。

2.5.1　印刷过程的实施

印刷过程是指印刷中期的工作，狭义的印刷过程即为通过印刷机完成印刷的过程。

印刷品一般都是通过印刷机实现印刷的。但是印刷机种类繁多，印刷实施方式也有多种。

书籍内页和报纸等印刷品的印刷，大多数为高速双面同时印刷的印刷机。彩色图片或需要套色印刷的彩色封面印刷，大都采用高速单面印刷的单张纸印刷机。一般印量比较大的印刷品，大都采用更加高速的卷筒纸印刷，其具有印刷速度快，印刷质量稍低的特点。而要求印刷质量较高的彩色印刷品，如画册、广告、插画、封面等，大都采用单张纸印刷方式。

对于大批量印刷，传统制版印刷方式具有一版重复印刷较快的特点，是出版物印刷的首选工艺。但是，对于短版、小批量印刷品，均摊在每个印刷品上的制版成本将是较高的，更加适合无版印刷的数码印刷工艺，典型工艺为静电照相印刷和喷墨印刷。

● ● ● 2.5.2　印刷后的加工工艺

印刷机印刷出的半成品需要通过印后加工工艺，才能加工成印刷成品。其中的工艺方法多种多样，出版物印后加工主要有裁切、折页、配帖、锁线、装订、包封、打捆等成书加工，以及上光、烫印、压痕、起凸、模切、覆膜、压光、吸塑、粘裱等书刊装潢加工。

当然，并不是每一种印刷品都会用到所有工艺，而是根据产品的工艺需要进行选择。要以实用为原则，以客户要求为依据，选取不同的印后加工工艺。

2.6　常见的印后工艺

印刷品完成印刷后，还需要对其进行相应的工艺处理。单页印刷品，如说明书、宣传单、海报等的工艺处理是最简单的，就是覆膜和裁切；二折页、三折页等印刷品，需要加上折叠的工序；纸盒、纸箱等印刷品需要模切压痕；书刊的工艺处理最复杂，在后面的章节单独进行详细介绍。本节主要介绍常用的印后处理工艺。

● ● ● 2.6.1　烫金（银）

传统的烫印俗称"烫金"或"烫银"，是用灼热的金属模板将金箔、银箔按在承印物表面，使它们牢牢地结合。图 2-15 所示为烫金机。最常见的烫印效果就是在精装书的封面上烫金或烫银，烫出的金银比印出的金银更光亮，而且常有压痕的效果，如图 2-16 所示。

图 2-15　烫金机

图 2-16　烫金印刷工艺效果

传统的金箔、银箔都是纯金、纯银，成本高，现在，电化铝已基本上取代它们用于烫印，而且效果更好，价格也非常低。

电化铝除了有传统金、银箔的光泽外，还有丰富的色彩和肌理，富丽堂皇，流光溢彩，如图 2-17 所示，甚至可以在各种底色上作出类似于皮革、纺织品、木材的凹凸纹路，它装饰印刷品的效果实际上已经超过传统的烫金和烫银，如图 2-18 所示。而且电化铝可以和各种各样的材料结合，在书籍封面、请柬、证书、贺卡、烟酒包装、各种玻璃器皿、家用电器、建筑装饰用品、文化用品、礼品、服装、鞋帽、箱包以及车辆上常常可以看到电化铝材料模拟烫金。

图 2-17 电化铝

图 2-18 电化铝材料模拟烫金

电化铝有整版烫印的，也有局部烫印的，如果是局部烫印，就需要金属模板，如图 2-19 所示，模板上有凹凸，凸起部分就是要烫印的图案形状。对设计师来说，需要为电化铝烫印提供图样，或者出一张胶片供印刷厂制版参考，这实际上是一种专色制作方法，而且是专色中比较简单的。

图 2-19 电化铝金属模板

提示 ▶▶▶ 这种材料之所以被称作电化铝，是因为它的复合膜中有一层铝，而这层铝是由在电阻丝的高温下汽化的铝凝结而成的，这种蒸镀工艺比传统的金属箔更节约金属原料，并且可以呈现出丰富的颜色和肌理。

●●● 2.6.2 局部 UV

UV 是 Ultraviolet（紫外线）的缩写，在印刷业中它专指一系列可以在紫外线照射下固化的特种油墨。这些油墨往往有特殊的光泽和肌理，有镜面油墨、磨砂油墨、发泡油墨、皱纹油墨、锤纹油墨、彩砂油墨、雪花油墨、冰花油墨、珠光油墨、水晶油墨、镭射油墨等，印刷品上点缀这些油墨可以突出关键的文字和图案，可以活跃版面，丰富表现质感，这称为局部UV。图 2-20 所示为局部 UV 在印刷品中的应用。

（a）　　　　　　　　　　　　　　（b）

图 2-20　局部 UV 在印刷品中的应用

现代书籍常常在封面上使用局部 UV，此外它在礼品、包装、广告、挂历、塑料制品上也得到了广泛应用。UV 油墨实际上是一种专色，无论它怎样绚丽，设计师只需要按照一般的专色制作方法为它出一张胶片，印刷厂即可依样制版，并在四色印刷之后将这种油墨印在所需要的位置。

●●● 2.6.3　上光和压光

在印刷品表面涂一层无色透明的特种油墨，叫上光，这种透明的油墨叫上光油，它干燥后在印刷品表面形成了一层均匀的薄膜，改善印刷品的光泽，保护色层不磨损、不受潮发霉、不易沾脏。大多数上光油让印刷品更光亮，也有一些上光油可产生毛玻璃那样的特殊效果。图 2-21 所示为上光工艺在印刷品中的应用。

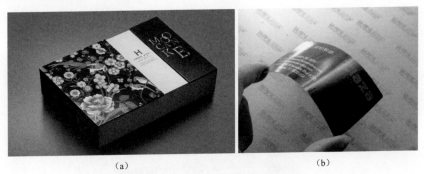

（a）　　　　　　　　　　　　　　（b）

图 2-21　上光工艺在印刷品中的应用

压光是上光的进一步操作，是在上光油干燥后用不锈钢滚筒压出镜面般的光泽，比单纯的上光还要光亮。

上光和压光是在印完四色印刷之后，在起凸、折叠、裁切、模切压痕等工艺之前进行的，因为上光油必须与印刷色紧密的结合，没有任何气泡、砂眼和缝隙，而且非常均匀的涂布。印刷业又常常将上光和压光简称为 UV，因为常用的上光油是采用紫外线固化的，相对于局部 UV 而言，这是整体 UV。例如一个手提袋，它如果要上光的话不仅在图文部分上光，而且在所有部分包括向内折叠的白边上也是上光的，所以它印完四色之后首先上光，然后在模切、折叠、粘贴成形。

在海报、宣传页、日历、明信片、扑克牌等印刷品上也常常进行上光和压光处理。另外，在硬纸材料上烫金、烫银或进行电化铝烫印后，也可涂一层上光油来防止箔层脱落。不过上光的膜层不像局部 UV 那么厚，它通常用于比较平滑的表面，例如铜版纸、卡纸适合上光，表面粗糙的纸却会把上光油吸掉，除非反复上光，不过特种纸通常都不会采用上光处理，因为上光油的光泽会冲淡特种纸本身肌理的魅力。

上光油有时会让印刷品的颜色发生变化，因为它对油墨有一定的溶解作用。人物图像对此尤其敏感，上光以后，鲜艳的颜色可能会变灰，深色可能会变浅，而人们对肤色的变化是很挑剔的，所以这种画面最好使用覆膜来代替上光。

> **提示** ▶▶ 上光和压光后的印刷品会变脆，如果这种印刷品需要折叠，就要小心了。厚纸本来就容易折裂，再上光、压光，就更难折了。书的封面要折，纸盒要折，手提袋要折，如果它们是用 200g/m^2 以上的厚纸来做的，还是采用覆膜会比较好。

上光油可以是手工喷刷的，也可以是机械涂布的。机械的方式分两种：一种是用印刷机把上光油当成一种专色来印刷（在四色和其他的专色印完之后）；另一种是用专用的上光机来涂布。因为上光油是整版涂布的，所以设计师不需要专门为它制作文件，只要对印刷厂提出要求就行了。

●●● 2.6.4　覆膜

在纸制印刷品表现裱一层透明的塑料薄膜，就是覆膜。具体来说，像书籍的封面、纸盒的外表面这些容易磨损的部位，如果需要保护膜，就在印刷之后，折叠和裁切之前给它裱一层，这层膜必须很透明，有很好的韧性，质地均匀，没有砂眼气泡，表面很平整，它通常是聚丙烯材料做成的。保护膜上还预涂了热塑性高分子黏合剂以便和纸张结合，印刷厂用热压滚筒把它牢牢地贴在纸上，覆膜机外形如图 2-22 所示。这样一来，纸制印刷品的表面有了更好的光泽，质地更厚实，而且印在上面的颜色受到了保护，覆膜后纸张会变得柔韧耐折。

图 2-22　覆膜机外形

实现中，人们如何检查纸制品，哪些仅仅是纸？哪些是上过光的？哪些是覆过膜的呢？把它们对着光看就可以看出来。上光的印刷品很少，既不用上光也不用覆膜的最多，例如信封、信纸、打印纸、笔记本和书籍内页、票据、报纸、名片、广告、促销宣传单、纯净水纸杯、鞋盒、装家用电器的大纸箱等。一些使用特种纸做成书籍封面也没有膜，因为特种纸需要让人感受它的肌理，不过这样很容易留下手印。现在，铜版纸封面一般都要覆膜，高档的纸盒和手提袋、产品说明书和企业宣传画册的封面、挂历等也要覆膜。膜有两种：一种是光亮如镜的，称为光膜或亮膜，如图 2-23 所示；另一种是不太反光的，称为哑膜，如图 2-24 所示。

图 2-23　覆亮膜的印刷品

图 2-24　覆哑膜的印刷品

提示 ▶▶ 光膜是透明的，对于墨色几乎没有影响，但它的反光有时不太讨人喜欢，例如手提袋覆了光膜以后会亮闪闪的，装了东西后稍有变形就会显得很软、很低档。挂历也不适合覆光膜，因为它干扰了视线，不过在精装书封面、硬纸盒等平整的表面上，光亮如镜的效果还是很不错的。

提示 ▶▶ 哑膜的质感厚实稳重，一般认为它比光膜高档，它的价格也贵一些，但它像上光油一样会影响墨色，非常挑剔的颜色，例如人物的肤色、稍微偏差一些都不可以的企业标准色，是不宜使用哑膜的。

●●● 2.6.5　起凸和压凹

当需要印刷的颜色印完之后，在上光或覆膜也做完之后，如果印刷品的某些部分需要浮雕效果，就进行凹凸压印，这是一种类似于盖钢印的工艺。图 2-25 所示为起凸机，它有一个凹的模具和一个凸的模具，如图 2-26 所示。它们的凹凸面是榫合的，把它们垫在纸的两面，对齐、加压，必要时还要加热，这样就可以使图样在纸上凸起来。

图 2-25　起凸机

图 2-26　凸模具和凹模具

起凸的图样需要由设计师提供，印刷厂的工人根据它来腐蚀金属版，做出凹的模具，再往里灌石膏或高分子材料，做成凸的模具。设计师提供图样最好的办法就是出一张胶片，这张胶片是和四色胶片同时出的，上面的规线和四色胶片的规线完全对齐，起凸的部位被填充成黑色，当把它和四色胶片重叠在一起的时候，图样恰好落在它应该落的位置，例如四色胶片上有一行大字，这些大字应该起凸，那么起凸片上就有相同的一行黑字。这实际上是一种专色手法，假如把起凸的胶片制成 PS 版，完全可以拿来做局部 UV。图 2-27 所示为起凸工艺在印刷品中的应用。

对 Logo 图案进行起凸处理

对图书标题文字进行起凸处理

（a）　　　　　　　　　　（b）

图 2-27　起凸工艺在印刷品中的应用

提示 ▶▶ 和局部 UV 比起来，起凸不像局部 UV 那么精确，局部 UV 可以用很小的字，起凸却只能用于大字、粗线条和简单图案，这一点需要注意。

就起凸的表面而言，可以达到两种效果。

（1）单层凸效：就像刚印一样，简单的凸起，各处凸起一样高，大块的凸起是平坦的。

（2）多层凸效：凸中有凸，或者像真正的浮雕一样呈复杂的曲面。

起凸处与图文的结合方式可以有以下几种。

（1）严套：起凸区域的边缘和中间的每一个细节都与图文套准。

（2）套边：起凸区域的一部分与图文套准，但中间不太受限制。

（3）交套：起凸区域的一部分与图文套准，而另一部分完全是自由的。

（4）松套：起凸区域完全是独立的图案，不必与任何图文套准。

（5）素凸：起凸区域在印刷品的空白处，没有压住任何图文。

●●● 2.6.6　折页

在印刷厂通过折页机对印刷品进行折页操作，如图 2-28 所示。我们并不需要知道折页机的原理，但我们需要了解印刷厂按什么规律来折纸，以及在排版和拼版的过程中需要注意什么。

常见的折页方式有以下几种。

1. 平行折页

像请柬那样，折线相互平行，展开后顺着同一方向排列页面，这就是平行折页。平行折页又包括三种方式，分别是双对折、包心折和扇形折（经折）。图 2-29 所示为平行折页示意图。

图 2-28　折页机

  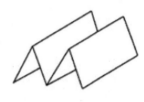

（a）双对折　　　　　　　　　（b）包心折　　　　　　　　　（c）扇形折

图 2-29　平行折页示意图

2. 垂直折页

就像我们平时把一张纸折成小方块那样，在一个方向上折一次，把它旋转 90° 再折一次，以后每一次折叠的方向都和上一次垂直，这就是垂直折页。这是最常见的折页方式，书刊内文使用大纸印刷好以后折成小页，就是用这种方法。图 2-30 所示为垂直折页示意图。

提示 ▶▶ 折页机像我们的手一样懂得把折过的纸旋转 90° 再折，但不是随便折多少次都可以的，厚纸折多了会让页面对不齐，一般来说薄于 $59g/m^2$ 的纸最多折四折，$60 \sim 80g/m^2$ 的纸最多折三折，超过 $81g/m^2$ 的厚纸最多折二折。

3. 混合折页

对同一张纸既有平行折页，又有垂直折页，这种方式叫作混合折页。书刊内文和插页有时采用这种特殊的折法。图 2-31 所示为混合折页示意图。

 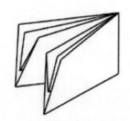

图 2-30　垂直折页示意图　　　　　　　图 2-31　混合折页示意图

设计师需要在平面设计作品中标出折叠的位置，可以通过画出一些短线段来指向将来的折线位置，并且需要注意这些短线不能影响到设计作品的画面，因为它们会被输出到胶片中，被晒到印版上，最后出现在印刷品上。如果没有折线的标记，印刷厂的工人可能就搞不清应该在哪里折。

设计作品中折叠标记的规范作法如图 2-32 所示，需要注意以下几点。

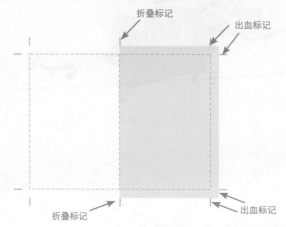

图 2-32 折叠标记的做法

（1）每条折叠标记的长度为 3mm。

（2）每条折叠标记靠近成品边缘的一端，距离成品边缘 3mm，这是为了防止裁切刀偏外时把这条参考线切入成品中。

（3）折叠标记应该尽可能细，例如，设置为 0.1mm。

（4）折叠标记的颜色应该是印刷中所用的各种油墨均以 100% 叠印，例如四色印刷品的折叠标记应该是 CMYK（100，100，100，100），单色印刷品的折叠标记应该是 K100，这是为了让折叠标记出现在每张胶片中，兼作套色的参考线。

> 提示 ▶▶ 折叠标记线的长度为 3mm，距离成品边缘为 3mm，正好是出血的尺寸，这样折叠标记安全地位于页面之外，将来裁切后不会将它们留在成品中。

2.6.7 拼版

拼版的过程是将一些制作好的单版组合成一个印刷版的过程。在进行拼版之前，需要根据后续工程的方式及器材选择不同的拼版方式，特别是一些需要进行折页的书刊画册之类的印刷品，更是需要根据印刷厂的折页机等机器选择恰当的拼版方式。

常用的拼版方式主要有以下 4 种。

1. 单面式

这种方式是指那些只需要印刷一个面的印刷品，如海报等，只需要印刷正面，而背面是不需要印刷的。单面印刷只需要一个叼口，一套 PS 版。图 2-33 所示为单面印刷的示意图。

图 2-33　单面印刷示意图

2. 双面式

双面式又称为底面版，指正反两面都需要进行印刷的印刷品，印完一面后，反纸更换另一套 PS 版印另一面，如一些宣传单页、卡片等。正反面印刷需要两套 PS 版，正反面印刷纸张只需要一个叼口。图 2-34 所示为正反面印刷的拼版示意图。

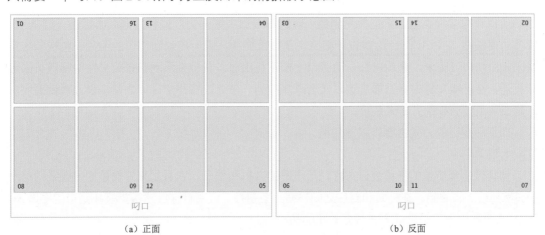

（a）正面　　　　　　　　　　　　　　　　　　（b）反面

图 2-34　正反面印刷的拼版示意图

3. 自翻版

自翻版印刷只需要一套 PS 版，印刷品的正反面拼在同一张 PS 版上的左（正）右（反）两边，一面印好后，把纸张横向（左右）翻转印另一面，此时不需要再更换印刷机器上的 PS 版和各种参数，自翻版印刷纸张只需要一个叼口。图 2-35 所示为自翻版印刷的拼版示意图。

4. 天地翻印刷

天地翻印刷又称为反叼口印刷，只需要一套 PS 版，印刷品的正反面拼在同一张 PS 版上的天（正）地（反），一面印好后，把纸张竖向（天地）翻转印另一面，此时不需要再更换印刷机器上的 PS 版和各种参数。天地翻印刷纸张需要两个叼口，而两个叼口的数值应该是相等的，也就是印刷品一定要在纸张的上下居中位置，否则纸张翻转将无法印刷。图 2-36 所示为天地翻印刷的拼版示意图。

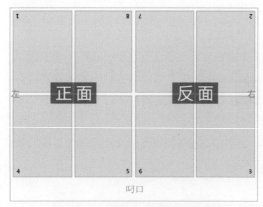

图 2-35　自翻版印刷的拼版示意图

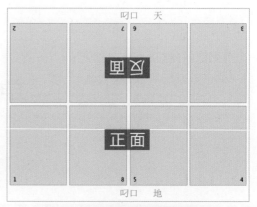

图 2-36　天地翻印刷的拼版示意图

●●● 2.6.8　装订

书刊的内页在折叠之后，是一帖一帖的，把它们叠在一起，把要相连的那一边撞齐，用某种方式把它们牢牢地连在一起，避免以后裁切时各帖之间发生滑动，这叫装订。

装订有很多种类型，它们关系到每一页的四个边中哪一边应该和其他页面相连（订口）、哪些边要被裁切（切口）。这对设计师来说是很重要的，因为接触到切口的图片、色块和线条必须超出切口几毫米，这叫出血，而订口上却不能出血，这也关系到在排版文件中哪些页面应该相连，在排版文件中各页面应该以什么顺序排列。总之，在开始设计之前，设计师就要明白印刷品将用什么样的方式来装订。

印刷品装订的方式主要有以下几种。

1. 骑马订

骑马订是最简单的一种装订方式，用于薄的杂志和册子。它看起来好像是把一叠纸同时对折，然后订上订书钉，在封面和封底之间只有一条折痕，订书钉穿过这条折痕扎到书的里面去。图 2-37 所示为使用骑马订方式装订的印刷品。

2. 平订

这是大多数书籍采用的一种装订方式，在封面和封底之间有一个明显的接面，叫作书背或书脊，实际上它是内文一帖一帖叠起来产生的厚度，在这里用线、胶或铁丝固定。

（1）锁线订：仅仅用线将各帖的订口缝合在一起。

（2）无线胶订：在订口上铣背、打毛、打孔或者锯出一些槽，使它变得粗糙，然后涂上热熔胶，将各帖的订口牢牢地黏合。

（3）铁丝订：采用铁丝将各帖的订口串起来。有时是在订口旁打眼，将铁丝穿入，有时与无线胶订结合，铁丝穿过书背扎到书的里面去。图 2-38 所示为使用平订方式装订的印刷品。

3. 环装

像台历一样，在页面的边缘打孔，用螺旋形的金属或塑料丝穿连，环装分为外环和内环两种装订方式。图 2-39 所示为使用环装方式装订的印刷品。

图 2-37 使用骑马订方式装订的印刷品

图 2-38 使用平订方式装订的印刷品

4. 活页装

可以把一部分或全部内页完整地拆下来，内页用夹子固定，或者作为环装的一种变体，随时可以打开环调换内页，很多企业 CI 手册就是这样的。图 2-40 所示为使用活页装方式装订的印刷品。

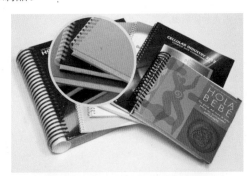

图 2-39 使用环装方式装订的印刷品

图 2-40 使用活页装方式装订的印刷品

5. 仿古装订

仿古装订主要有以下几种方式。

（1）线装：在订口旁打眼，穿线打结。

（2）卷轴装：将长长的印张的一端黏在木轴上，另一端绕着轴心卷起来，在阅读时展开成一长幅。

（3）经折装：将长长的印张反复来回折叠成扇面装，折线皆平行，在首页和末页上裱硬纸板。

（4）旋风装：在经折装的基础上，不裱硬纸板，而是用一张纸把首页和末页连在一起，并且这张纸中间留下书背的宽度，以便把书合起来。

（5）蝴蝶装：把一张张纸对折后叠在一起，折线对齐，形成一定厚度的书背，在书背上黏一张纸，并且从封面到书背到封底再包一层硬纸。这种书翻阅时看不到装订痕迹，相邻的两页是连贯的，跨页的图也保持完整性。

（6）包背装：装订方向和蝴蝶装正相反，各印张对折后不是由折线构成书背，而是在相对的另一侧打孔穿线，这样一来，折线成了可以自由翻动的一侧，翻页时翻的都是双层。针对这种装订方法，只能采用单面印刷，每个印张折叠时，有图文的那一面朝外，而且这种书比相同页数、相同纸张的普通平装书要厚一倍。

6. 手工装订

对于那些小批量的礼品书或纪念册，设计师可以使用任何材料、任何手法，不拘泥于机器装订的规范。不过手工装订大都是由传统的装订方式演变而来的。图 2-41 所示为部分使用手工装订方式的印刷品。

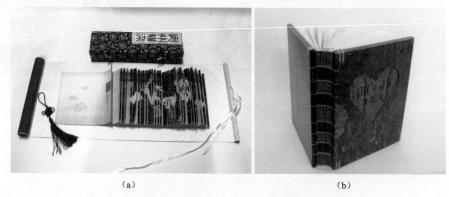

（a） （b）

图 2-41 使用手工装订方式的印刷品

2.6.9 裁切

在印刷品上沿着横向或纵向的直线将印刷品中不需要的部分完全切断，叫作裁切。换句话说，裁切就是横向切断或纵向切断，不是斜着切，不是沿着曲线切，也不是在中间开一个窗。之所以要给裁切下这样的定义，是因为有另外一种切法叫模切，它能够切出任何的形状，但是模切远远不如裁切常用。图 2-42 所示为裁纸机。

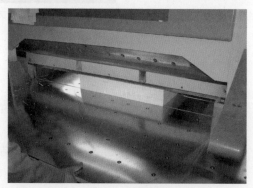

图 2-42 裁纸机

裁纸机是专为裁切这种简单的切法而设计的，在它的输纸台上纸张必须定位，以保证每一叠纸被切在同样的位置，但定位的方向只能平行于它的刀刃，这刀刃是直线形的。尽管裁切的功能有限，但每一张纸必须经过这道工序，即使纸上只有一幅海报，也要切掉毛边，如果纸上有几个单页，就需要在每个单页上切四刀，书刊内页的拼版要先折叠、装订，再裁切掉毛边。

纸上要有裁切标记，裁刀才能找准下刀的位置。裁切标记有时是出片时自动生成的角线，有时是设计师画在排版文件中，输在胶片上，又通过晒版和印刷工艺转到纸上的，它的规范做法和折叠标记一样，3mm 出血 3mm 裁切线，具体需要注意以下几点。

（1）裁切线需要非常细。

（2）裁切线的颜色应该是印刷中所用的各种油墨均以 100% 叠印，例如四色印刷品的裁切线应该是 CMYK（100，100，100，100），这是为了让裁切线出现在每张胶片中，兼作套色的参考线。

（3）裁切线应该位于裁切范围以外，不影响设计作品中的图文。

（4）每条裁切线的长度为 3mm，其靠近页面的一端距页面边缘 3mm。

●●● 2.6.10　模切压痕

除了裁切以外的一切切割方式都叫模切，模切可以将印刷品切出曲线轮廓，也可以在中间开孔。图 2-43 所示为使用模切工艺的印刷品。

还有一种工艺常常和模切同时进行，就是压痕，它在印刷品上压出直线的折痕。图 2-44 所示为使用模切压痕工艺的印刷品。

图 2-43　使用模切工艺的印刷品

图 2-44　使用模切压痕工艺的印刷品

模切和压痕的模具被固定在同一块板上，同时对印刷品施压。模切用的是钢刀，这种刀非常柔韧且有弹性，可以弯折成曲线，嵌入底板上预先锯出的沟缝中，锋利的刀刃朝外，可以把印刷品切开。压痕用的是钢线，也像钢刀一样安装，但钢线是钝的，压在印刷品上只能压出凹痕。在钢刀和钢线之间夹着一些木块或金属块，放置它们松动，在钢刀的道口两侧还有弹性材料，例如橡皮块、折起来的硬纸等，它们高于刀口，利用其弹性将模切后的纸板从刀口上推开。图 2-45 所示为模切压痕机的工作原理。

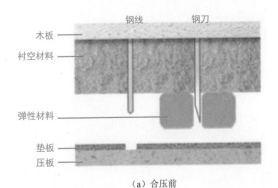

（a）合压前　　　　　　　　　　　　　　（b）合压后

图 2-45　模切压痕机的工作原理示意图

模切和压痕的图样是由设计师提供的，实线代表模切效果，虚线代表压痕，只需要将印刷品的模切轮廓和压痕位置标示出来即可。图 2-46 所示为印刷品的模切图样和最终印刷品效果。

（a）

（b）

图 2-46　印刷品的模切图样和最终印刷品效果

考虑到模切压痕工艺的难度，设计师在设计时需要注意以下两点。

（1）模切后的废料尽量连成一片，便于清理。

（2）线条尽量连贯，转弯处尽可能是圆角，除非设计要求必须是尖角。

2.7　本章小结

本章主要讲解了平面设计行业中常见的印刷工艺，并且对印刷行业中的工作流程也作了介绍，使读者可以清楚地了解印刷的方式、印刷的工作原理、印刷品的工艺流程等知识。了解这些印刷工艺的原理和操作方法有利于读者在设计工作中能够按照印刷要求完成作品设计，保证所设计的作品能够顺利地完成印制。

第 3 章　原稿的处理与色彩调整

平面设计中常常要面对各种图像，对于设计的新人来说什么样的图片可以保证输出效果，这个至关重要。本章针对设计工作中的原稿图片的调整问题进行学习，读者需要在了解原稿概念的基础上，了解印刷中对原稿的要求，并能应用到设计工作中。本章还将通过实例讲解设计工作中遇到质量较差素材时，如何通过减少噪点、改变尺寸、调整色彩，使其可以实现较好的印刷效果。

3.1　印刷对原稿的要求

并不是所有的图像都可以拿来印刷，从网上随便下载一张图，在计算机屏幕上看很不错，但是印刷后就会显得很粗糙，而且会出现偏色的情况，这是因为屏幕的分辨率很低，图片的问题不能在屏幕上看到。

● ● ● 3.1.1　印刷对原稿的基本要求

使用 Photoshop 打开一张图像文件，可以看到以下项目。

- 文件格式：在文件窗口的标题栏中可以看到文件名，文件名后缀就是文件格式，如图 3-1 所示。

图 3-1　文件格式

- 色彩模式：在文件窗口的标题中可以看到色彩模式，或者执行"图像"→"模式"命令，在该命令的下级菜单中可以看到哪种色彩模式被勾选。
- 位深度：执行"图像"→"模式"命令，在该命令的下级菜单中可以看到当前图像是（8，16，32）位/通道，如图 3-2 所示。
- 分辨率：执行"图像"→"图像大小"命令，弹出"图像大小"对话框，在该对话框中可以看到图像的分辨率是多少像素/英寸，如图 3-3 所示。

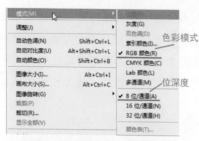

图 3-2　文件的色彩模式和位深度

图 3-3　图像的分辨率

图像文件的格式有 JPG、TIF、EPS、BMP、GIF、PNG、TGA 等，色彩模式有 RGB、索引色、CMYK、灰度等，分辨率可以是 72dpi、230dpi、300dpi 等，那么哪些可用于印刷呢？

1. 文件格式

在平面设计行业中，无论设计时使用的是什么格式的图像，在出片时可以选择的只有 3 种格式：TIF、EPS、PDF。

TIF 是最常用的，各种原稿的扫描图、从图库里拷贝的图、网上下载的图等，都可以存储成 TIF 格式。设计工作的一个项目中常常包含了大量的 TIF 图像。当然使用 EPS 和 PDF 也可以。由于其他格式的出片效果难以预料，所以绝对不能使用 JPG、GIF、PNG 等格式。

使用 EPS 或 PDF 格式有特殊的原因。

第一种原因：TIF 是位图的格式，而 EPS 和 PDF 则是矢量图的格式。矢量图在印刷时可以任意提高分辨率，而 TIF 格式不可以。所以在使用随时可能调整大小的企业标志时，当然是矢量图的效果更好。

第二种原因：很多设计过程中常常是位图和矢量图并存的情况，例如，图片上写文字的效果，不要将文字图层栅格化，然后另存为 PDF 格式，将该 PDF 格式拿去出片可以看到，文字无论放大多少倍，都可以保持清晰，而背景图则不可以，当然存成 EPS 格式也是如此。

位图也可以保存为 EPS 和 PDF 格式，不过没有这个必要，因为一张位图存储为 EPS 或 PDF 格式，只是增加了保存和打开的时间，EPS 格式和 PDF 格式只能保存矢量图的矢量特效，却不能将位图变成矢量图，把照片这类图像存储为 TIF 格式就可以了。

2. 色彩模式

色彩模式是把颜色分成某些成分来描述的方式，RGB 模式描述颜色中红、绿、蓝三原色的含量，CMYK 模式描述青、洋红、黄、黑四种油墨的比例等。无论原稿是什么模式，在出片前都要转换成下列模式中的一种，CMYK、灰度、位图。在 Photoshop 中可以通过执行"图像"→"模式"命令中的子菜单命令来进行色彩模式的转换。

具体使用哪种模式，要根据印刷用墨的情况：对于四色印刷，采用 CMYK 模式；对于单色印刷，采用灰度模式。在单色印刷中有一个特例，就是像 CAD 图像，只需要用 100% 的油墨印出线条和色块，而不需要加网，这种图可采用位图模式。

3．位深度

在一个色彩空间中可以有 2^n 种颜色叫 n 位，位图模式是 1 位的，因为只有 2^1 种颜色：纯黑和纯白，其他色彩模式有 8 位／通道、16 位／通道、32 位／通道 3 种选择，出片前要转成 8 位／通道。

4．分辨率

印刷中使用的图像分辨率至少要有 300dpi。为了保证清晰输出，对于标志、图案、字样如果一定要做成位图的话，分辨率最好达到 600dpi 以上。如果色彩模式为位图，则分辨率应该更高。

如果分辨率达不到要求，可以使用 Photoshop 中的"图像大小"命令调整。例如，分辨率为 72dpi 的图像，可以改为 300dpi，注意修改之前要先取消"重定图像像素"复选框的勾选，这样可保持像素数量不变，也就是画质不变，这会缩小打印尺寸，如果觉得太小，可以勾选"重定图像像素"复选框，再改下打印尺寸，需要注意的是不要改得太大，否则效果会更模糊。

> **提示** ▶▶ 对于分辨率为 72dpi 的图片，如果在不缩小打印尺寸的情况下将其分辨率提高到 300dpi，则图片会变得很模糊。

●●● 3.1.2　印刷对原稿的进一步要求

图片达到 300dpi，色彩模式、文件格式等也符合要求了，理论上就可以用于印刷了，但还有些因素会影响印刷品的质量，使得有些图可以印在高档的时尚画册上，有些图只能印在报纸上。

1．层次

看到一张图片，人们一眼就可以看出它很精致或者很粗糙，这种感觉从何而来呢？

1）动态密度范围

动态密度范围就是我们常说的"反差"，是原稿上从最亮处到最暗外的差别。在印刷业中使用"密度"反映颜色暗的程度，最高密度和最低密度之间的差值就是动态密度范围，这是衡量原稿品质的一个重要指标，这个数值越大，明暗变化就可以越丰富，细节的表现力也就越强。

常见的几种原稿的动态密度范围是：正片为 4.0、负片为 2.8、照片为 2.1、印刷品为 1.8。从这个数据看，正片是最好的原稿，印刷品是最差的。

> **提示** ▶▶ 画稿是个特殊情况，它的动态密度范围和品质是没有关系的，因为无论怎样的画稿在印刷时都需要忠实再现的。水彩画和国画使用透明颜料薄涂，动态密度范围小，油画使用不透明的颜料厚涂，动态密度范围大，但它们都可能是很好的原稿。

2）阶调

有了足够的动态密度范围，黑的足够黑，白的足够白，就有能力容纳丰富的细节，但除了密度以外，原稿中还需要有明暗的变化，明暗变化的梯级叫阶调。图 3-4 所示为 11 级灰梯尺和 21 级灰梯尺。

图 3-4　11 级灰梯尺和 21 级灰梯尺

第一张图像的明暗变化有 11 级，第二张图的明暗变化有 21 级，后者的阶调更全。图 3-5 所示的两张图片，虽然我们并不知道图中的阶调有多少级，但是很明显，第一幅图的明暗变化比较丰富，让我们感觉到很精致。

（a）　　　　　　　（b）

图 3-5　图片的灰度变化对比

阶调和动态密度范围决定了原稿的层次感。在连续调原稿中很难说阶调有多少级，不过阶调从最亮的颜色到最暗的颜色可以分为亮调、中间调和暗调 3 个范围。

亮调：较亮的，接近白色的层次，例如物体的强烈反光、很浅的固有色。其中最亮的点就是画面中的白场，接近白场的亮调被称为高光。

暗调：较暗的，接近黑色的层次，例如投影有很深的固有色。其中最暗的点，就是画面中的黑场。

中间调：介于亮调和暗调之间的层次。

印刷业中有一组术语用来描述阶调的问题，如图 3-6 所示。

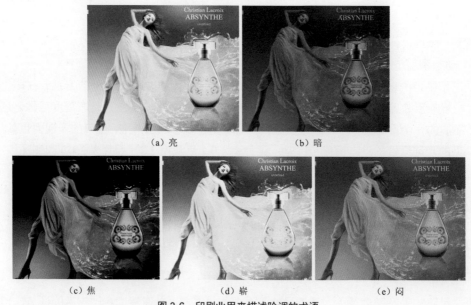

（a）亮　　　　　　　　　（b）暗

（c）焦　　　　　　　（d）崭　　　　　　　（e）闷

图 3-6　印刷业用来描述阶调的术语

亮：整个画面发白，各阶调的密度均偏低。

暗：整个画面发黑，各阶调的密度均偏高。

焦：暗调密度过大，黑成一团。

崭：亮调密度过小，白成一片。

闷：该黑的不够黑，该白的不够白，暗调密度不足，亮调密度偏大。

以上这些问题一般都可以在 Photoshop 中进行调整和改善。但是如果原稿的高光已经白得看不见细节，暗调已经糊成一片，图片本身缺乏层次，用什么软件也无法弥补。

2. 颜色

人们对生活中的一些事物都有习惯性的颜色认知，例如，草地应该是什么样的绿色、天空是什么样的蓝色等，如果图片的颜色偏离了人们的记忆色，就会让人感觉不真实。

还有一种偏色是针对原稿的偏色，就是需要忠实地复制一张原稿时，感觉它扫描后的颜色和原来的颜色不一致。这时候我们的判断不受记忆色的影响，不管原稿的颜色是不是我们所习惯的，都不能按记忆色调整它。

原稿的颜色太好也有问题，印刷可能无法复制。数码相机拍摄的 RGB 图、色彩非常丰富的画稿、光学相机拍摄的反转片等，这些宽色域图片有一些艳丽的颜色超出了四色油墨的表现范围，在这种情况下需要对客户解释，印刷的能力是有限的。

3. 画质

比较图 3-7 所示的两张图片，很明显左边的图片清晰，因为各细节之间有足够的对比度。如果将图片放大，我们可以看到图片的细节边缘的密度渐变宽度小，这也是为什么放大图片以后会引起模糊，因为尺寸扩大以后，细节边缘的密度渐变宽度也跟着增加了。

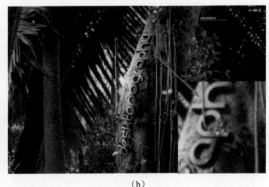

（a）　　　　　　　　　　　　　　　　（b）

图 3-7　两张图片画质细节对比

扫描软件和 Photoshop 中都有清晰度调整方法，尤其是 Photoshop 中的"USM 锐化"滤镜最为常用，它的原理是增强细节边缘的对比度，或减小细节边缘的密度渐变宽度，使图像看起来清晰，但它们并不能真正地增加细节，所以应该尽量使用清晰度高的原稿。

3.1.3　原稿处理流程

原稿处理的整体流程如图 3-8 所示。

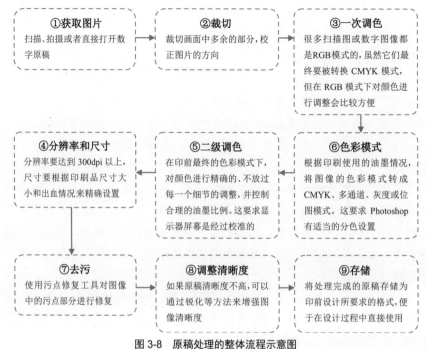

图 3-8　原稿处理的整体流程示意图

3.2　图像原稿的基本调整

设计工作中，常常需要制作不同尺寸的印刷品，甚至需要将同一张图片多次应用到不同尺寸的文件中，这时需要对图片进行一些基本的调整，例如，尺寸、分辨率等。有时候图片中某些内容并不需要或者扫描的原稿中有一些污点等，都可以通过修复工具对原稿进行相应的修复处理。

●●● 3.2.1　设置图像尺寸和分辨率

当开始设计一件作品的时候，就要考虑好最终的成品尺寸以及图像分辨率的问题。不论在作品中有多少素材、内容、元素，成品尺寸都要先确定好。而不同的要求、用途决定了最终成品尺寸和分辨率的不同。

启动 Photoshop，执行"文件"→"新建"命令，弹出"新建"对话框，设置"宽度"为1000 像素、"高度"为 750 像素，"分辨率"为 300 像素 / 英寸，"颜色模式"为 CMYK 颜色，如图 3-9 所示。

"预设"选项是 Photoshop 为用户设置好的一些尺寸，包含了多种常用尺寸，选择不同的类型后，在"大小"选项中就会有更详细的分类，"预设"下拉菜单如图 3-10 所示。

提示 ▶▶ "宽度"和"高度"选项分别用于设置所新建的文件的尺寸大小，单位有像素、英寸、厘米、毫米、点、派卡、列 7 种。

关于像素的概念，是以多少个像素为单位量，那么图像文件占用磁盘空间的大小是不会因分辨率的改变而变化的，如图 3-11 和图 3-12 所示。

图 3-9　设置"新建"对话框　　　　　图 3-10　　"预设"下拉列表

图 3-11　分辨率为 72 像素 / 英寸的图像大小　　图 3-12　分辨率为 300 像素 / 英寸的图像大小

图 3-11、图 3-12 可以看出，虽然像素点数目相同，但因为分辨率的不同，其实际文件尺寸是不一样的。因为 Photoshop 计算图像大小是按照像素点计算，所以图像大小是相同的。

实战：调整图片的尺寸和分辨率

源文件：无　　视频：视频 \ 第 3 章 \3-2-1.mp4

视频

01 执行"文件"→"打开"命令，打开素材图像"源文件 \ 第 3 章 \ 素材 \3201.jpg"，效果如图 3-13 所示。执行"图像"→"图像大小"命令，弹出"图像大小"对话框，如图 3-14 所示。

图 3-13　打开素材图像　　　　　图 3-14　　"图像大小"对话框

02 取消"重新采样"复选框的勾选，可以看到图像的高度、宽度和分辨率三者被链接，如图 3-15 所示。修改"分辨率"选项为 300 像素 / 英寸，可以看到图像的宽度和高度被自动缩小，但图像的像素数目并没有发生变化，如图 3-16 所示。

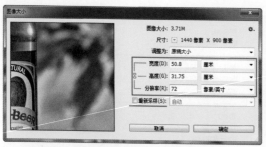

图 3-15　取消"重新采样"复选框的勾选

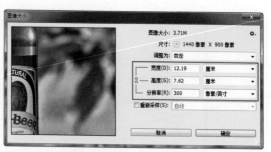

图 3-16　修改"分辨率"选项

> **提示** ▶▶▶ "重新采样"选项是用于设置调整图像大小时的采样方法。如果不选中该选项，调整图像大小时，像素的数目固定不变，当改变图像尺寸时，分辨率将自动改变；当改变分辨率时，图像尺寸也将自动改变。选中该选项，则在改变图像尺寸或分辨率时，图像的像素数目会随之改变，此时则需要对图像重新取样。

> **提示** ▶▶▶ 尺寸与分辨率成反比形式，即图像尺寸越大，则分辨率越低。相反，分辨率设置越高则图像尺寸越小，但图像占用磁盘空间大小不会改变。

03 选中"重新采样"选项，在该选项的下拉列表中选择"保留细节（扩大）"选项，如图 3-17 所示。在对话框中设置"宽度"为 20 厘米，"减少杂色"为 30%，如图 3-18 所示。

图 3-17　设置"重新采样"选项

图 3-18　设置"宽度"和"减少杂色"选项

04 单击"确定"按钮，可以看到调整图像分辨率和放大图像后的效果，如图 3-19 所示。将图像放大到 100% 显示，可以看到图像还是比较清晰的，如图 3-20 所示。

图 3-19　调整分辨率后的图像效果

图 3-20　图像放大至 100% 查看效果

提示 ▶▶ 如果一个图像的分辨率较低且画面模糊，如果想通过增加分辨率让其变得清晰是不可行的，这是因为 Photoshop 只能在原始数据的基础上进行修改，但是却无法生成新的原始数据。

●●● 3.2.2 设置图像出血

通常情况下，彩色印刷品的图像分辨率为 300dpi，要求比较高的可以达到 600dpi。如果需要在 Photoshop 中做完整输出使用的图，则要考虑图像的出血，出血的部分就是印刷品后期切掉的部分，如图 3-21 所示。

图 3-21 印刷品的出血参考线

启动 Photoshop，执行"文件"→"新建"命令，在弹出"新建"对话框中设置"宽度"为 216 毫米，"高度"为 291 毫米，"分辨率"为 300 像素/英寸，"颜色模式"为 CMYK，如图 3-22 所示，单击"确定"按钮，新建一个空白的文件。执行"视图"→"标尺"命令，显示文件标尺，从标尺中拖出参考线，定位出血线，出血线距离文件边界为 3mm，如图 3-23 所示。

图 3-22 设置"新建"对话框

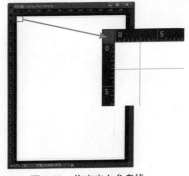

图 3-23 拖出出血参考线

提示 ▶▶ 单页印刷品的四周通常都需要留出血边，先定义上下左右四边的出血边，以确定实际画面所在范围，以免主要内容太靠近裁切线，而被切掉。有时印刷品仅仅需要一边出血，另外一边是装订线部分不需要出血，可以在制作完成后，改变画布大小，只要注意分清保留左边还是右边就可以了。

3.2.3 使用仿制图章工具修复图片

一般日常生活中拍摄的照片可能不会尽如人意，经常会出现一些在设计过程中不需要的景物影响画面整体的主体或美观，这时便可以使用 Photoshop 中的"仿制图章工具"对图像中不需要的部分进行去除。

视频

实战：去除图片中不需要的内容

源文件：源文件 \ 第 3 章 \ 3-2-3.psd　　视频：视频 \ 第 3 章 \ 3-2-3.mp4

01 执行"文件"→"打开"命令，打开素材图像"源文件 \ 第 3 章 \ 素材 \32301.jpg"，在该图片中需要将右下角的文字去除，复制"背景"得到"背景 拷贝"图层，如图 3-24 所示。单击工具箱中的"仿制图章工具"按钮 ，在选项栏中选择合适的笔触和笔触大小，将光标移至图片中需要取样的地方，按住 Alt 键单击进行取样，如图 3-25 所示。

图 3-24　打开图像并复制图层

图 3-25　使用"仿制图章工具"取样

提示 ▶▶ 在使用"仿制图章工具"时，按] 键可以加大笔触，按 [键可以减小笔触。按快捷键 Shift+] 可以加大笔触的硬度，按快捷键 Shift+[可以减小笔触的硬度。在使用"仿制图章工具"时，在图像上右击，可以打开"画笔预设"选取器。

02 在取样点相邻的文字部分进行单击涂抹，从而使用取样点的图案来覆盖单击点的图案，效果如图 3-26 所示。使用相同的制作方法，可以完成图片右下角不需要内容的去除处理，效果如图 3-27 所示。

图 3-26　涂抹覆盖

图 3-27　完成图像的处理

　　提示 ▶▶ 使用"仿制图章工具"处理过程中最主要的就是细节的处理，根据涂抹位置的不同，笔触的大小也要变化，而且要在不同的位置取样后进行涂抹，这样才能保证最终效果与原始图像相融合，没有瑕疵。

●●● 3.2.4　使用修补工具

　　"修补工具"可以使用其他区域或图案中的像素来修复选中的区域。与"修复画笔工具"一样，"修补工具"会将样本像素的纹理、光照和阴影与源像素进行匹配，但"修补工具"的特别之处是，需要选区来定位修补范围。

　　⬇ **实战：去除图片中多余景物**

　　源文件：源文件 \ 第 3 章 \ 3-2-4.psd　　　视频：视频 \ 第 3 章 \ 3-2-4.mp4

视频

　　01 执行"文件"→"打开"命令，打开素材图像"源文件 \ 第 3 章 \ 素材 \32401.jpg"，效果如图 3-28 所示。需要使用"修复工具"将图片中不需要的景物去除，复制"背景"图层得到"背景 拷贝"图层，如图 3-29 所示。

图 3-28　打开风景素材图像

图 3-29　复制"背景"图层

　　02 单击工具箱中的"修补工具"按钮 ，在选项栏中对相关选项进行设置，如图 3-30 所示。在图片中给需要清除的景物部分创建选区，如图 3-31 所示。

图 3-30　设置工具选项栏

图 3-31　为需要清除的内容创建选区

　　03 将光标移至选区内，按住鼠标左键，将选区拖曳至颜色相近的区域，如图 3-32 所示。松开鼠标左键，按快捷键 Ctrl+D，取消选区，效果如图 3-33 所示。

　　04 使用相同的制作方法，可以将图片中不需要的景物去除，可以看到修复前后的效果对比，如图 3-34 所示。

图 3-32　拖曳选区至颜色相近区域

图 3-33　取消选区

（a）

（b）

图 3-34　去除图像中不需要景物前后效果对比

> **提示** ▶▶ 在对图片进行修复处理时需要注意，首先根据图片中需要修复的内容特点来选择合适的修复工具进行修复。其次在修复过程中可以综合运用多种不同的修复工具进行操作，力求得到完美的修复效果。

3.3　减少图像噪点

原稿中除了会出现一些污点外，也会出现一种比污点更分散、更细小的噪点，例如，灰尘、胶片颗粒、印刷网点等。这些问题的出现，对于应用到高级印刷的图像来说，是影响很大的瑕疵。本节将介绍几种减少图像噪点的方法。

●●● 3.3.1　蒙尘与划痕

扫描的图片中常有一些噪点和杂色的情况，这样的图片会对印刷质量有所影响，使用 Photoshop 中的"蒙尘与划痕"滤镜可以通过更改相异的像素来减少图片中的噪点和杂色。

视频

> ↓ **实战**：使用"蒙尘与划痕"减少图片中的噪点
>
> 源文件：源文件 \ 第 3 章 \ 3-3-1.psd　　　视频：视频 \ 第 3 章 \ 3-3-2.mp4

01 执行"文件"→"打开"命令，打开素材图像"源文件 \ 第 3 章 \ 素材 \33101.jpg"，将图片放大，能够清晰地看到图片中的杂色，如图 3-35 所示。复制"背景"图层得到"背景 拷贝"图层，如图 3-36 所示。

02 执行"滤镜"→"杂色"→"蒙尘与划痕"命令，弹出"蒙尘与划痕"对话框，设置如图 3-37 所示。单击"确定"按钮，完成"蒙尘与划痕"对话框的设置，效果如图 3-38 所示。

图 3-35　打开需要处理的素材图像　　　　　图 3-36　得到"背景 拷贝"图层

图 3-37　设置"蒙尘与划痕"对话框　　　图 3-38　应用"蒙尘与划痕"滤镜后的效果

提示 ▶▶▶ 半径：可以在 1～100 选择，当半径较小时，只有小杂点被消除，大的杂点依然保留在画面上，半径很大时，所有的杂点都被消除，其中包括一些不应该算是杂点的色块，同时画面变得很模糊。

阈值：可以在 0～255 选择，表示色阶相差多大时可以算是杂点，这个值很小时，微弱的颜色变化也会被抹平，这个值很大时，只有反差很明显的杂点才会被消除。

03 为"背景 拷贝"图层添加图层蒙版，使用"画笔工具"，设置"前景色"为黑色，在蒙版中将不需要模糊的部分涂抹出来，效果如图 3-39 所示。

（a）　　　　　　　　　　　　　　　（b）

图 3-39　涂抹不需要模糊的部分

提示 ▶▶▶ 适当地选择半径和阈值，可以控制画面中哪些杂点被消除，哪些被保留。如果要对图中的某个区域进行操作，可以使用选区选中该区域，然后使用羽化命令，再使用"蒙尘与划痕"滤镜进行处理。

●●● 3.3.2　表面模糊

设计工作中难免遇到缺少原稿的情况，有时也会从互联网上下载图像以供使用。但是由于此类图片要求的是访问速度，所以一般质量都较差，图片上有很多由于压缩出现的马赛克，严重影响印刷效果。Photoshop 提供了一个"表面模糊"滤镜，可以解决这个问题。

下 实战：使用"表面模糊"处理图片中马赛克

源文件：源文件\第3章\3-3-2.psd　　视频：视频\第3章\3-3-2.mp4

视频

01 执行"文件"→"打开"命令，打开素材图像"源文件\第3章\素材\33201.jpg"，将图片放大，能够清晰地看到图片的色彩中存在马赛克的情况，如图 3-40 所示。复制"背景"图层得到"背景 拷贝"图层，如图 3-41 所示。

图 3-40　打开素材图像并观察细节　　　　　　　　图 3-41　复制图层

02 执行"滤镜"→"模糊"→"表面模糊"命令，弹出"表面模糊"对话框，设置如图 3-42 所示。单击"确定"按钮，完成"表面模糊"对话框的设置，效果如图 3-43 所示。

图 3-42　"表面模糊"对话框　　　　　　　图 3-43　应用"表面模糊"滤镜后的效果

● ● ● 3.3.3　清晰度调整

在 Photoshop 中提供了 "USM 锐化" 滤镜，通过使用该滤镜可以增强图片的清晰度。实际上，"USM 镜化" 滤镜并没有增加图片的细节，而只是加强了图像中的明暗反差，当每一个细节的亮部与暗部都有更明显的区别，而且与周围环境也区分得更明白时，人们才更容易察觉这些细节，于是就感觉这张图片变清晰了。

视频

⬇ 实战：使用 "USM 锐化" 增强图片细节清晰度

源文件：源文件 \ 第 3 章 \ 3-3-3.psd　　视频：视频 \ 第 3 章 \ 3-3-3.mp4

01 执行 "文件" → "打开" 命令，打开素材图像 "源文件 \ 第 3 章 \ 素材 \33301.jpg"，将图片放大，能够清晰地看到图片的细节部分，如图 3-44 所示。复制 "背景" 图层得到 "背景 拷贝" 图层，如图 3-45 所示。

图 3-44　打开需要调整清晰度的素材图像

图 3-45　复制 "背景" 图层

02 执行 "滤镜" → "锐化" → "USM 镜化" 命令，弹出 "USM 锐化" 对话框，设置如图 3-46 所示。单击 "确定" 按钮，完成 "USM 锐化" 对话框的设置，效果如图 3-47 所示。

图 3-46　"USM 锐化" 对话框

图 3-47　应用 "USM 锐化" 滤镜处理后的效果

提示 ▶▶　一般来说，将分辨率除以 200 就是适当的锐化半径，对于 300dpi 的图像来说，1.5 的锐化半径比较合适，对于 72dpi 的图像来说，大致是 0.3 的锐化半径比较合适。

3.4 直方图

直方图是一种统计图形，它广泛应用于生活中的各领域，在图像领域直方图也有较强的应用性。在 Photoshop 和许多扫描软件中都有直方图，通过直方图可以检查和调整图像的色阶分布。

●●● 3.4.1 认识直方图

在 Photoshop 中，直方图用图形表示图像的每个亮度级别的像素数量，显示了像素在图像中的分布情况。通过查看直方图，就可以判断出图像的阴影、中间调和高光中包含的细节是否充足，以便对其进行适当的调整。

在 Photoshop 中打开素材图像"源文件\第 3 章\素材\34101.jpg"，如图 3-48 所示。执行"窗口"→"直方图"命令，打开"直方图"面板，在该面板中可以查看图像的直方图，如图 3-49 所示。

图 3-48　打开果汁饮料素材图像

图 3-49　"直方图"面板

在"直方图"面板上的"通道"下拉列表中选择"明度"选项，显示明度直方图，如图 3-50 所示。单击"直方图"面板右上角的小三角按钮 ，在面板菜单中勾选"全部通道视图""显示统计数据"和"用原色显示通道"3 个选项，如图 3-51 所示。

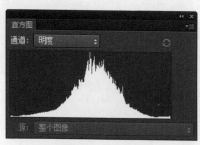

图 3-50　明度直方图

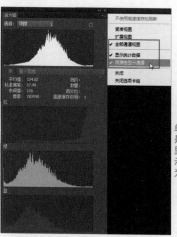

单通道本来就是灰色的，这里使用原色显示通道，只是为了易于辨认

图 3-51　显示全部通道直方图

提示 ▶▶ 为什么在总通道中不显示 RGB 的直方图而显示"明度"的直方图呢？这是为了与 CMYK 模式下的观察方法取得一致。在 CMYK 模式下，直方图中的 CMYK 通道不会显示白场不足的情况，但明度与 RGB 模式下的一致。

在直方图上，横坐标代表亮度（与光学上的亮度不同，这里的亮度在 0 ～ 255 取值），纵坐标代表具有该亮度的像素数目。它告诉我们，画面内每个亮度级有多少个像素，这是一张亮度分布图。

横坐标从左向右增加，左端代表亮度最低的黑色，右端代表亮度最高的白色。这里的黑色和白色是指整个色彩空间中的黑色和白色，而不是用户正在查看的图像的最黑点和最白点，因为图像的黑场不一定黑，白场也不一定白。

从这张图的直方图来看，它的黑场足够黑，白场也足够白，但所用的像素都不多，主要是中间调的像素。

如果用户是第一次查看直方图，可能不知道如何查看。简单地说：从左向右看，左边是图中最黑的地方，它的波峰很低，说明黑色较少，然后中间调的波峰最高，说明中间亮度的像素在画面上最多，再往右，波峰逐渐下沉，那就是越亮像素越少，到最后端波峰达到最低值，说明纯白的颜色在画面中不多。

将上一张图转换为 CMYK 模式，可以看到直方图如图 3-52 所示。现在的纵坐标仍然是像素数，横坐标仍然是亮度，看下黑色油墨，如图 3-53 所示。从左向右，印刷网点的分布是左侧 100% 的网点没有，然后到 70% 地方有一些，直到 90% 左右的位置网点才达到更多，说明这张图的黑色油墨在印张上以小网点居多，并且印得很淡。

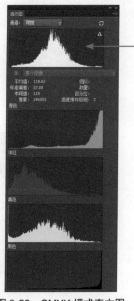

可以看到 CMYK 模式下"明度"的总直方图与 RGB 模式中"明度"的总直方图差不多

图 3-52　CMYK 模式直方图

图 3-53　黑色的直方图

●●● 3.4.2　读懂直方图

直方图的左侧代表图像的阴影区域，中间代表中间调，右侧代表高光区域。直方图中的山脉代表图像的数据，山峰则代表数据的分布方式。较高的山峰表示该色调区域包含的像素较多，较低的山峰则表示该色调区域包含的像素较少。

图 3-54 所示为不同阶调的图片的直方图效果。

直方图左右两侧有空白，色调
集中在中间调

直方图左侧有空白，黑场不足

（a）正常　　　　　　　　　　　　　　（b）亮

直方图右侧空白过大，白场不足

暗调失去层次感，直方图左
侧有峰值，一根到顶的线

（c）暗　　　　　　　　　　　　　　（d）焦

亮调失去层次感，直方图右侧
有峰值

画面反差不足，直方图两边有
空白，说明黑场和白场均不足

（e）崭　　　　　　　　　　　　　　（f）闷

图 3-54　不同阶调图片的直方图

从图 3-54 中可以看出，"亮""暗""闷"图是可以调整的，因为它们并没有失去层次感，软件可以加强层次感使图像恢复正常。但"焦""崭"图很难调整，它们已经失去了层次感，在暗调或亮调根本就没有细节，软件很难恢复它们的细节。

在对图像颜色进行调整时，如果打开"直方图"面板，上面会同时显示调整前和调整后的直方图，调整前的直方图显示为灰色，调整后的直方图显示为白色，如图 3-55 所示，这样我们就很容易控制调整时的分寸。

图 3-55　同时显示调整前后的直方图

3.5　调整图像色彩

对图像原稿色调和色彩的控制是图像编辑处理的关键，只有有效地控制和调整图像的色调和色彩，才能制作出高质量的图像。

●●● 3.5.1　灰平衡和偏色

评价图像是否偏色，可以使用中性灰做参考。中性灰是没有任何色彩倾向的灰色，严格地说，它的 Lab 值中 a、b 值均为 0（它们分别代表偏暖、偏冷的程度）。中性灰是整个画面色调的基准，如果它偏色，则意味着整个画面偏色。从图 3-56 中可以看到右侧的扫描稿偏红色。

（a）原稿　　　　　　　　　　　　　　　　　（b）扫描稿

图 3-56　图像扫描稿偏色

针对这种原稿调色，一般是从中性灰开始，只要将中性灰调到没有色彩倾向，整个画面的颜色就接近正常了。但是由于中性灰是被包围在大量的冷暖色中，很容易让人产生错觉。所以要想准确地判断中性灰就只能通过色值来判断。

画面上中性灰不明显时，可以从接近白场、黑场处找。不过中性灰并不一定就要绝对的中性，有时整个画面有总体色调时，例如，夕阳的照片，这种情况下几乎可以说不需要中性灰，连黑白场都是偏暖的。如果画面上不需要中性灰，千万不要硬做调整。

⬇ 实战：调整图像偏色

源文件：源文件 \ 第 3 章 \ 3-5-1.psd　　　视频：视频 \ 第 3 章 \ 3-5-1.mp4

视频

01 执行 "文件" → "打开" 命令，打开素材图像 "源文件 \ 第 3 章 \ 素材 \35101.jpg"，效果如图 3-57 所示，接着需要判定图像出现了怎样的偏色。单击工具箱中的 "颜色取样器工具" 按钮✐，在图像中的闪光灯处进行单击，建立取样点，如图 3-58 所示。

图 3-57　打开偏色的素材图像　　　　　　　图 3-58　建立取样点

02 弹出 "信息" 面板，显示取样点的颜色信息，如图 3-59 所示。在 "信息" 面板中可以看到取样点的颜色值为 RGB（217，217，255）。如果图片中原本应该是白色区域的 RGB 数值都不是最大值时，说明它不是真正的白色，它一定包含了其他颜色。如果 R 值高于其他值，说明图像偏红色；如果 G 值高于其他值，说明图像偏绿色；如果 B 值高于其他值，说明图像偏蓝色。而我们的取样点 B（蓝色）值最高，如图 3-60 所示，由此可以判断该图像偏蓝色。

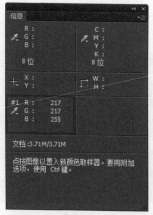

图 3-59　显示取样点的颜色信息

图 3-60　通过颜色值判断图像偏色

提示 ▶▶ 浅色或中性图像区域比较容易确定偏色，例如，蓝色的天空、白色的衬衫或灯光等都是查找偏色的理想位置。

03 在"图层"面板中添加"色阶"调整图层，打开"属性"面板，单击"在图像中设置白场"按钮，如图 3-61 所示。将光标移至图像的取样点上单击，Photoshop 会计算出单击点像素 RGB 的平均值，并根据该值调整其他中间色调的平均亮度，从而校正偏色，效果如图 3-62 所示。

图 3-61　色阶选项

图 3-62　在取样点单击设置白场

●●● 3.5.2　黑场和白场

黑场指的是画面中最黑的颜色，白场是画面中最白的颜色，它们不一定是极端的黑色和白色，而是一种达到一定程度的黑和白，否则整个画面会发灰。使用 Photoshop 可以非常简单地校正黑白场，它提供了很多色彩调整命令的对话框中都有黑色和白色的滴管，都是用来调整黑白场的。

例如，打开一张图片，如图 3-63 所示。执行"图像"→"调整"→"曲线"命令，弹出"曲线"对话框，单击对话框中的"在图像中取样以设置白场"按钮，如图 3-64 所示。

在图像中的白场位置单击，即可自动校正图像中的白场，效果如图 3-65 所示，"曲线"对话框如图 3-66 所示。黑场的调整方法和调整白场相同。

图 3-63　打开地球素材图像

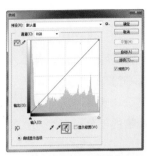

图 3-64　"在图像中取样以设置白场"按钮

图 3-65　在图像中的白场位置单击

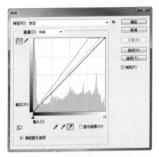

图 3-66　"曲线"对话框

> **提示** ▶▶ 默认情况下，白场的颜色为 RGB（255，255，255），黑场的颜色为 RGB（0，0，0），如果图像中的白场和黑场并不是纯白或纯黑，可以在对话框中双击白场滴管或黑场滴管工具，在弹出的"拾色器"对话框中设置白场或黑场的颜色。

对于很多读者来说，白场或黑场的具体位置在哪里？如果凭借肉眼很难察觉到，使用 Photoshop 可以帮助用户精确地定位。

执行"图像"→"调整"→"阈值"命令，在"阈值"对话框中将滑块拉到最左边，图像整个变白，再慢慢把滑块往回拉，画面中首先变黑的点就是黑场所在，如图 3-67 所示。将滑块拉到最右边，图像整个变黑，再慢慢把滑块往回拉，画面中首先变白的点就是白场所在，如图 3-68 所示。

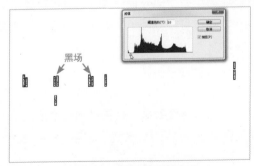

图 3-67　图像中黑场的位置

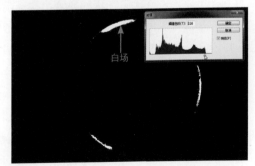

图 3-68　图像中白场的位置

●●● 3.5.3　印刷色的骨架——黑版

如果使用放大镜来看印刷品，会发现暗部聚集着大量的黑色网点。再看印版，很容易把黑版与青、洋红、黄版区分开来，因为黑版的明暗层次很完整，它就好像是把整个彩色画面变成了单色一样。在一张印刷品上，从高光到中间调到暗部，黑色油墨从无到有，越来越浓。黑色在印刷中有着特殊的作用，具体表现在以下 5 个方面。

1. 加深暗部的层次

青、洋红、黄 3 种彩色油墨，当它们以最大浓度混合时，只能得到一种深灰色，不足以表现画面中最暗的部分，必须加入黑色。并且黑色可以让暗部的细节更明晰，让中间调和暗部分得更加清晰。

2. 稳定中间调

从理论上说，青、洋红、黄的混合可以得到中间调所需要的大部分颜色，但是很难控制，因为当彩色油墨的含量都很大时，任何一种油墨的给墨量或印刷压力不稳定，都会引起偏色。实际上这些彩色油墨中有一部分是要混合成中性灰的，这部分中性灰可以使用黑色油墨来替代，那么彩色油墨的量就减少了，对印刷条件的变化也就不那么敏感了。

3. 让文字和细线清晰

文字和细线多色套印时，难免套不准，在笔画边缘出现杂色，当笔画较细时显得很难看，但单独使用黑色印刷就不存在套色的问题。

4. 提高印刷适应性

先举一个例子，"C69 M80 Y72"这种颜色，油墨总量为 69+80+72=221，假如某个厂家可以用 K67 的黑色油墨来替代"C47 M37 Y44"的中性灰成分，那么刚才的颜色就可以使用"C22 M43 Y28 K67"来印刷，油墨总量减少为 22+43+28+67=160，油墨总量减少，意味着墨层变薄、干燥快。

由此可见，使用黑色替代一部分可以混合为中性灰的彩色，可以降低油墨总量，提高油墨的干燥速度。这是很重要的，因为如果先印的油墨未干，套印下一色油墨容易造成墨色不匀，甚至先印的油墨被后来的橡皮布粘走，印后堆纸时，也容易造成纸张的粘连。

5. 降低油墨成本

黑色油墨的成本一般是彩色油墨的 1/2 ～ 1/3，那么控制印刷中的黑色油墨量就很重要。黑色油墨可以用来替代中性灰的成分，就是说，四色中如果有一部分青、洋红、黄可以叠印出中性灰，那么可以使用黑色油墨来替代这些彩色油墨，这样可以减轻印刷条件不稳定引起的偏色，可以加快油墨的干燥，同时还可以降低油墨的成本。

●●● 3.5.4　可选颜色

如果想调整暗部的黑色而不影响中间调和亮部，想把一件红衣服变得更红而不增加其他地方的红色，就可以使用"可选颜色"。它的主要功能是将图像分成红色、黄色、绿色、青色、蓝色、品红、白色、中性色、黑色等色相。

> **提示 ▶▶** 这里某些色相与4种油墨的名称"青色""品红""黄色"和"黑色"名同而义不同，它们只是一个大致范围内的颜色，例如，黑色并不代表 K=100，而是足够暗的颜色，甚至"C95 M95 Y95"这样没有黑墨的颜色，也可以作为"黑色"。

实战：使用"可选颜色"调整图像暗调

源文件：源文件 \ 第 3 章 \ 3-5-4.psd　　　视频：视频 \ 第 3 章 \ 3-5-4.mp4

01 执行"文件"→"打开"命令，打开素材图像"源文件 \ 第 3 章 \ 素材 \35401.jpg"，效果如图 3-69 所示，这张图的问题是暗调各种油墨都不够，导致暗调并不是很清楚。在"图层"面板中添加"可选颜色"调整图层，打开"属性"面板，在"颜色"下拉列表中选择"黑色"选项，设置如图 3-70 所示。

图 3-69　打开需要调整暗调的素材图像

图 3-70　设置"黑色"相关选项

02 完成对黑色的调整，可以看到图片的效果，如图 3-71 所示。调整了暗调之后，中间调也受到了一些影响，整体偏绿了，在"颜色"下拉列表中选择"中性色"选项，设置如图 3-72 所示。

图 3-71　设置"黑色"选项后的效果

图 3-72　设置"中性色"相关选项

03 完成对中性色的调整，可以看到图片的效果，如图 3-73 所示。

（a）

（b）

图 3-73　图像调整后的效果

提示 ▶▶ 可选颜色校正是高端扫描仪和分色程序使用的一种技术，用于在图像中的每个主要原色成分中更改印刷色的数量。使用"可选颜色"命令可以有选择性地修改主要颜色中的印刷色的数量，但不会影响到其他主要颜色。

●●● 3.5.5　色阶

"色阶"可以调整图像的阴影、中间调和高光的强度级别，校正色调范围和色彩平衡，它是 Photoshop 最为重要的调整工具之一，简而言之，"色阶"不仅可以调整色调，还可以调整色彩。

提示 ▶▶ 使用"色阶"调整图像的对比度时，阴影和高光滑块越靠近直方图的中央，图像的对比度越强，但也越容易丢失图像的细节。如果能够将滑块精确定位在直方图的起点和终点上，便可以在保持图像细节不丢失的基础上获得最佳的对比度。

打开素材图像"源文件\第3章\素材\35501.jpg"，效果如图 3-74 所示，执行"图像"→"调整"→"色阶"命令，弹出"色阶"对话框，如图 3-75 所示。

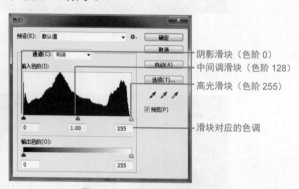

图 3-74　打开需要调整色阶的素材图像　　　　图 3-75　"色阶"对话框

在"输入色阶"选项组中，阴影滑块位于色阶 0 处，它所对应的像素是纯黑的。如果我们向右移动阴影滑块，Photoshop 就会将滑块当前位置的像素值映射为色阶"0"，也就是说，滑块所在位置左侧的所有像素都会变为黑色，如图 3-76 所示。

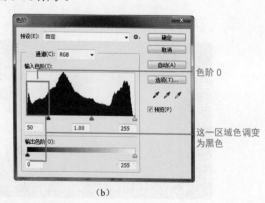

（a）　　　　　　　　　　　　　　　（b）

图 3-76　调整阴影滑块的效果

高光滑块位于色阶 255 处，它所对应的像素是纯白的。如果向左移动高光滑块，滑块当前位置的像素值就会映射为色阶"255"，因此，滑块所在位置右侧的所有像素都会变为白色，如图 3-77 所示。

（a）

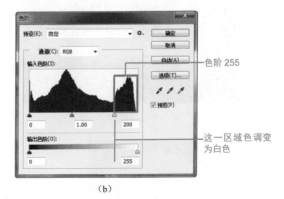
（b）

色阶 255

这一区域色调变为白色

图 3-77　调整高光滑块的效果

中间调滑块位于色阶 128 处，它用于调整图像中的灰度系数，可以改变灰色调中间范围的强度值，但不会明显改变高光和阴影。

"输出色阶"选项组中的两个滑块用来限定图像的亮度范围。当我们向右拖动暗部滑块时，它左侧的色调都会映射为滑块当前位置的灰色，图像中最暗的色调也就不再是黑色了，色调就会变灰；如果向左移动白色滑块，它右侧的色调都会映射为滑块当前位置的灰色，图像中最亮的色调就不再是白色了，色调就会变暗。

⬇ **实战：使灰暗图片变清晰**

源文件：源文件 \ 第 3 章 \ 3-5-5.psd　　　视频：视频 \ 第 3 章 \ 3-5-5.mp4

视频

01 执行"文件" → "打开"命令，打开素材图像"源文件 \ 第 3 章 \ 素材 \35502.jpg"，效果如图 3-78 所示，这张图片过于灰暗不清晰。在"图层"面板中添加"色阶"调整图层，打开"属性"面板，如图 3-79 所示。

图 3-78　打开灰暗的素材图像

图 3-79　色阶相关选项

02 在"属性"面板中向左拖动高光滑块，将整个画面调亮，如图 3-80 所示。将中间调滑块向左拖动，可以增加色调的对比度，图像的效果会变得清晰，如图 3-81 所示。

03 为了增加整个画面的层次感，可以适当对图像的对比度进行调整。添加"亮度 / 对比度"调整图层，打开"属性"面板，设置如图 3-82 所示，完成图像的调整，效果如图 3-83 所示。

图 3-80　调整高光滑块

图 3-81　调整中间调滑块

图 3-82　设置"亮度 / 对比度"选项

图 3-83　调整后的图像效果

●●● 3.5.6　曲线

　　"曲线"命令也是用来调整图像色彩与色调的，它比"色阶"命令的功能更加强大，色阶只有 3 个调整功能，白场、黑场和灰度系数，而"曲线"命令允许在图像的整个色调范围内（从阴影到高光）最多调整 16 个点。在所有的调整工具中，曲线可以提供最为精确的调整结果。

　　打开素材图像"源文件 \ 第 3 章 \ 素材 \35601.jpg"，如图 3-84 所示。执行"图像"→"调整"→"曲线"命令，弹出"曲线"对话框，如图 3-85 所示。

图 3-84　打开需要调整曲线的素材图像

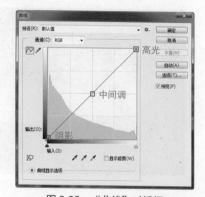

图 3-85　"曲线"对话框

　　在"曲线"对话框中，水平的渐变颜色条为输入色阶，它代表了像素的原始强度值，垂直的渐变颜色条为输出色阶，它代表了调整曲线后像素的强度值。调整曲线以前，这两个数值是相同的。在曲线上单击，添加一个控制点，向上拖动该点时，在输入色阶中可以看到图像中正在被调整的色调（色阶 90），在输出色阶中可以看到被调整后的色调（色阶 155），如图 3-86 所示。因此，图像就会变亮，如图 3-87 所示。

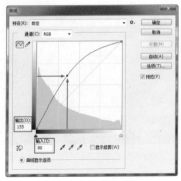

图 3-86　向上拖动控制点

图 3-87　图像整体变亮

如果向下移动控制点，Photoshop 会将所调整的色调映射为更深的色调（将色阶 160 映射为色阶 100），如图 3-88 所示。图像也会因此而变暗，如图 3-89 所示。

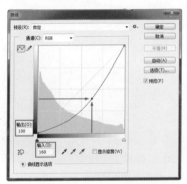

图 3-88　向下拖动控制点

图 3-89　图像整体变暗

如果沿水平方向向右拖动左下角的控制点，如图 3-90 所示。可以将输入色阶中该点左侧的所有灰色都映射为黑色，图像效果如图 3-91 所示。

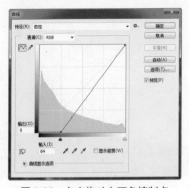

图 3-90　向右拖动左下角控制点

图 3-91　曲线控制点左侧映射为黑色的效果

如果沿水平方向向左拖动右上角的控制点，如图 3-92 所示。可以将输入色阶中该点右侧的所有灰色都映射为白色，图像效果如图 3-93 所示。

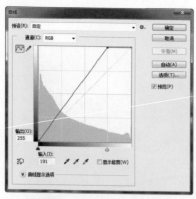

图 3-92　向左拖动右上角控制点

图 3-93　曲线控制点右侧映射为白色的效果

　　如果沿垂直方向向上拖动左下角的控制点，如图 3-94 所示。可以将图像中的黑色映射为该点所对应的输出色阶中的灰色，图像效果如图 3-95 所示。

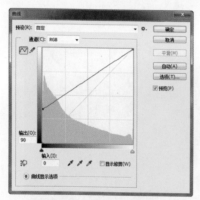

图 3-94　向上拖动左下角控制点

图 3-95　将图像中黑色映射为灰色的效果

　　如果沿垂直方向向下拖动右上角的控制点，如图 3-96 所示。可以将图像中的白色映射为该点所对应的输出色阶中的灰色，图像效果如图 3-97 所示。

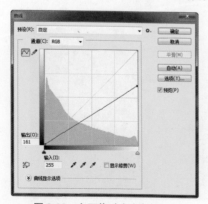

图 3-96　向下拖动右上角控制点

图 3-97　将图像中白色映射为灰色的效果

　　提示 ▶▶ 整个色阶范围为 0~255，0 代表全黑，255 代表全白。因此，色阶值越高，色调越亮。

● ● ● 3.5.7　抠图处理

在印刷品的设计制作过程中，抠图是经常需要使用的图像操作之一。Photoshop 自带的抠图工具使用非常简单，但是效率不高，通道抠图法可以很好地解决抠图效率的问题。

下面讲解如何利用通道抠图，读者需要充分理解通道抠图的整体思想：在 Alpha 通道中，白色是需要的部分，灰色是半选的部分，黑色是去除的部分。制作通道的过程就是制作选区的过程，不管用什么方法建立 Alpha 通道，只要符合上面所说的原则，就可以达到抠图的目的。

> ↓ **实战：抠取图片中的人物**
>
> 源文件：源文件 \ 第 3 章 \ 3-5-7.psd　　　视频：视频 \ 第 3 章 \ 3-5-7.mp4

视频

01 在 Photoshop 中打开素材图像"源文件 \ 第 3 章 \ 素材 \35701.jpg"，效果如图 3-98 所示，需要对图像中的人物进行抠取。复制"背景"图层，得到"背景 拷贝"图层，执行"图像"→"调整"→"去色"命令，将图像去色，效果如图 3-99 所示。

图 3-98　打开需要抠取的人物素材

图 3-99　复制图层并去色

02 执行"图像"→"调整"→"曲线"命令，弹出"曲线"对话框，单击对话框中的"在图像中取样以设置黑场"按钮 ✐，在人物头发部分单击，如图 3-100 所示。单击对话框中的"在图像中取样以设置白场"按钮 ✐，在图片背景部分单击，如图 3-101 所示。

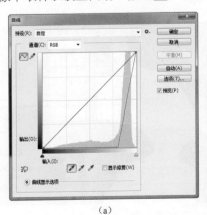

（a）

（b）

图 3-100　在头发部分单击设置黑场

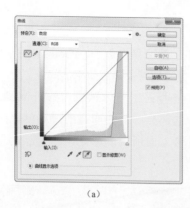

（a）　　　　　　　　　　　　　　　（b）

图 3-101　在背景部分单击设置白场

03 单击"确定"按钮，完成"曲线"对话框的设置。按快捷键 Ctrl+A，全选图像，按快捷键 Ctrl+C，复制图像。打开"通道"面板，新建 Alpha 通道，如图 3-102 所示。按快捷键 Ctrl+V，将复制的图像粘贴到 Alpha 通道中，按快捷键 Ctrl+D，取消选区，执行"图像"→"调整"→"反相"命令，将 Alpha 通道中的图像反相，效果如图 3-103 所示。

图 3-102　新建 Alpha 通道　　　　　图 3-103　将 Alpha 通道中的图像反相

04 使用"画笔工具"，设置"前景色"为黑色，将人物以外的部分涂抹为黑色，如图 3-104 所示。继续使用"画笔工具"，设置"前景色"为白色，对人物部分不够白的地方进行精细地涂抹处理，如图 3-105 所示。

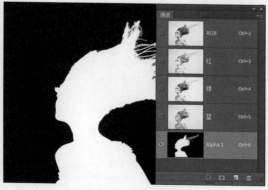

图 3-104　黑色涂抹人物以外部分　　　　　图 3-105　白色涂抹人物部分

05 载入 Alpha 通道选区，返回"图层"面板，将"背景 拷贝"删除，画布上会出现人物的选区，如图 3-106 所示。选中"背景"图层，按快捷键 Ctrl+J，复制选区中的图像，完成人物的抠出，效果如图 3-107 所示。

图 3-106　得到人物选区

图 3-107　复制选区图像

3.6　本章小结

　　本章主要讲解了在印刷行业中对原稿的要求以及原稿的处理流程，并且还介绍了对图像原稿进行尺寸等基本调整的方法，对原稿图像进行噪点和清晰度调整的方法。在调整图像时要能够读懂直方图，并能够使用各种色彩调整命令对图像进行色彩调整。

第4章 卡片设计

在当今社会中，卡片作为一种基本的交际工具在商业活动甚至日常生活中被人们广泛使用。卡片的种类有很多，最常见的就是名片和各种会员卡。卡片作为个人或企业的形象代表，除了需要用简要的方式向受众介绍个人或企业服务之外，还需要通过独特的设计和清晰的思路达到宣传的目的。本章将介绍卡片设计的相关知识，并通过卡片设计案例的讲解，使读者掌握卡片设计的方法和技巧。

4.1 了解卡片设计

卡片设计不同于一般平面设计，大多数平面设计的幅面较大，给设计师以足够的表现空间；卡片则不然，它只有小小的幅面设计空间，所以这就要求设计师在保证信息内容完整的前提下也要考虑美观度的问题。

●●● 4.1.1 卡片的常用尺寸

按照卡片的外形尺寸，可以分为标准卡片、窄形卡片、折叠卡片、异形卡片。其中，标准卡片的尺寸为 90mm×54mm（方角）、85mm×54mm（圆角）；窄形卡片的尺寸为 90mm×50mm 和 90mm×45mm；折叠卡片的尺寸为 90mm×95mm 和 145mm×50mm；异形卡片的尺寸则没有严格的规定，其中最常见的是标准卡片。图 4-1 所示为标准卡片和折叠卡片的效果。

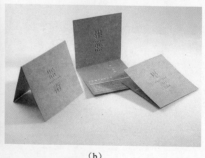

（a）　　　　　　　　　　　　　　　（b）

图 4-1　标准卡片和折叠卡片的效果图

为了保证卡片印刷成品的质量，设计时每条边需要加上 2～3mm 的出血。

●●● 4.1.2 卡片的设计流程

卡片最重要的作用是便于记忆，具有更强的识别性，让人在最短的时间内获得所需要的信息，因此在多数情况下不会引起人的专注和追求。卡片的设计必须做到文字简明扼要、字体层次分明、设计感强、风格新颖，图 4-2 所示为设计出色的不同类型卡片。下面介绍一下卡片的设计流程。

（a）　　　　　　　　　　　　　（b）　　　　　　　　　　　（c）

图 4-2　设计出色的不同类型卡片

1．了解卡片信息

（1）了解名片持有者的身份、职业。

（2）了解名片持有者的所属单位及其性质、职能。

（3）了解名片持有者及所属单位的业务范畴。

（4）如果是非名片之外的其他卡片，则需要了解该卡片的主要用途。

2．独特的构思

独特的构思来源于对设计的合理定位、对名片的持有者及单位的全面了解。一个好的名片构思经得起以下几个方面的考核。

（1）卡片设计是否具有视觉冲击力和可识别性。

（2）是否符合媒介主体的工作性质和身份。

（3）是否新颖、独特。

（4）是否符合持有人的业务特性。

3．设计定位

根据前两个方面来确定卡片设计的构图、字体、色彩等。

4.1.3　卡片设计的构成元素

卡片设计的构成元素是指构成卡片的各种素材，一般包括 Logo、装饰图案和文字等，可以将这些构成元素大致分为两大类：造型构成元素和方案构成元素，如图 4-3 所示。

图 4-3　卡片的构成元素

1．造型构成元素

（1）轮廓：即卡片的形状。大多数卡片都是矩形或圆角矩形的，也会有各种追求个性的异形卡片。

（2）标志：企业 Logo 或使用图案与文字设计并注册的商标。

（3）图案：形成卡片特有风格和结构的各种辅助图形、色块与素材。

2．方案构成元素

（1）名片持有者的姓名和职务。

（2）名片持有者的单位及地址。

（3）其他各种类型卡片的名称。

（4）通信方式。

（5）业务领域或服务范围等信息。

●●●● 4.1.4　卡片设计要求

卡片设计的基本要求应该强调三个字：简、功、易。

简：卡片传递的主要信息要简明清晰，构图完整明了。

功：注意质量、功效，尽可能使所传递的信息明确。

易：便于记忆，易于识别。

除了以上 3 点基本要求之外，还可以在以下几个方面对卡片设计提出要求。

1．设计简洁、突出重点信息

卡片最重要的信息就是上面的文字信息，用户可以通过这些文字了解到个人和企业的相关信息内容，以及如何与卡片的主人取得联系。使用简洁的设计风格可以最大限度地突出这些文字信息内容，让别人能够更快地记住卡片中的信息。

在卡片设计中可以使用大量的留白来体现这种简洁，但留白不一定是纯白色。此外还要注意文字和背景的对比应该足够大，还可以把文字设计得更漂亮、更醒目一些。图 4-4 所示为一些设计简洁的卡片。

（a）　　　　　　　　　　　　　　（b）

图 4-4　设计简洁的卡片

2．个性、与众不同

如果要做到与众不同，首先必须要做好定位，卡片的风格要与公司或持有者的形象、职务、业务领域相协调。其次，还要设计得独特有趣一些，例如，可以将卡片设计成不规则的形状，或者设计成折叠式的，从而给人留下深刻印象。图 4-5 所示为一些富有个性的卡片。

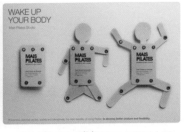

（a） （b）

图 4-5 个性的卡片设计

3．体现趣味和时尚性

一张构思精妙、细节完善的卡片会让持有者增色不少，能够给客户留下深刻的印象，吸引用户的注意力。现在很流行将名片设计成为与自己职业有关的物体，例如，厨师的刀叉、理发师的梳子、歌手的麦克风等，这样的设计会使得卡片紧跟时代潮流，具有很强的趣味性。图 4-6所示为一些有趣、时尚的卡片。

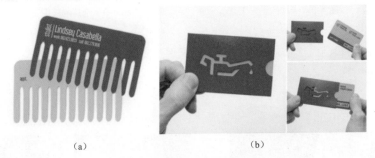

（a） （b）

图 4-6 有趣时尚的卡片设计

4．多使用色彩和图像

卡片有正反两面，可以将一面设计得丰富多彩一些，多使用一些色彩、图像和图形，另一面设计得简洁一些，用于传递信息，这样就可以保证卡片既有较强的视觉吸引力，又非常实用，如图 4-7 所示。

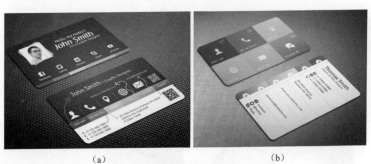

（a） （b）

图 4-7 使用色彩和图像丰富卡片设计

4.1.5 卡片常用工艺

为了使所设计的卡片效果更加出色，追求最佳的视觉感受，通常在卡片印刷后添加各种印刷工艺，卡片中常用的工艺主要有以下几种。

1. 上光

卡片上光可以增加美观性。一般卡片上光常用的方式有上普通树脂、涂塑料油、裱塑胶膜、裱消光塑胶膜等，通过为卡片进行上光工艺处理，可以使卡片看起来更加高档，如图 4-8 所示。

2. 轧型

轧型又称为打模，以钢模刀加压将卡片切割成不规则造型，此类卡片的尺寸大都不同于传统尺寸，变化性较大，如图 4-9 所示。

图 4-8　卡片的上光工艺

图 4-9　卡片的轧型工艺

3. 压纹

在卡片上压出凹凸纹饰，从而增加卡片的表现触觉效果，这类卡片具有浮雕的视觉感，如图 4-10 所示。

4. 打孔

在卡片上指定的位置打孔，类似于活页画本的穿孔，可以使卡片有一种缺隐美，如图 4-11 所示。

图 4-10　卡片的压纹工艺

（a）　　　　　　　　（b）

图 4-11　卡片的打孔工艺

5. 烫金（银）

为了加强卡片表面的视觉效果，把卡片中的重要文字或图形以印模加热压上金箔、银箔等材料，形成金、银等特殊光泽。虽然在平版印刷中也有金色和银色的油墨，但油墨的印刷效果无法像烫金（银）的效果那样鲜艳亮丽，体现出卡片的价值感，如图 4-12 所示。

（a）

（b）

图 4-12　卡片的烫金（银）工艺

4.2 实战 1：制作企业名片

名片的设计以直观、简洁为主，本案例所设计的企业名片以纯色作为背景，在背景中使用 Logo 图形作为底纹，名片中的内容左右放置，左侧为企业的 Logo 和名称，右侧为相关的信息内容，中间以竖线分割，合理的文字布局，不仅使整个名片内容的表现更加完整而且能更好地突出企业形象。图 4-13 所示为本案例所设计的企业名片最终效果。

(a)　　　　　　　　　　　　　　　　　　　(b)

图 4-13　企业名片最终效果

●●● 4.2.1　设计分析

1. 设计思维过程

图 4-14 所示为本案例所设计的企业名片的设计思维过程。

通过图形的相减操作绘制出 Logo 图形，并将其作为名片背景的底纹

(a)

制作 Logo 图形并输入企业名称，分别添加"投影"效果，绘制出分割线

(b)

输入相应的名片信息文字，注意字体大小和颜色的设置，并为文字添加"投影"

(c)

根据名片正面相同的制作方法，可以制作出名片背面的效果

(d)

图 4-14　企业名片设计思维过程

2. 设计关键字：减去图形操作和"投影"效果

在本案例所设计的企业名片中，通过矩形的相减操作从而设计出该企业 Logo 图形的效果。该企业 Logo 图形简洁、直观、大方。在该名片的制作过程中分别为图形和文字添加了"投影"效果，通过"投影"效果的添加，可以使文字和图形的表现具有一定的层次感，但需要注意"投影"效果的值不能过大。

3. 色彩搭配秘籍：深灰色、蓝色、浅蓝色

本案例所设计的企业名片使用深灰色与蓝色进行搭配。名片背景使用深灰色，给人一种很强的质感和高档感，搭配蓝色的 Logo 图形和文字，蓝色能够给人一种科技、理想的视觉印象，深灰色和蓝色的搭配给人带来强烈的科技质感，给人感觉稳重、大气。企业名片配色设置如图 4-15 所示。

RGB (34, 31, 32)
CMYK (82, 80, 76, 61)
(a)

RGB (7, 86, 162)
CMYK (91, 66, 5, 0)
(b)

RGB (85, 141, 191)
CMYK (70, 40, 14, 0)
(c)

图 4-15 企业名片的配色设置

视频

●●●● 4.2.2 制作步骤

源文件：源文件 \ 第 4 章 \ 企业名片 .ai   视频：视频 \ 第 4 章 \ 企业名片 .mp4

Part 1：制作名片背景

01 打开 Illustrator，执行"文件"→"新建"命令，弹出"新建文件"对话框，设置如图 4-16 所示，单击"确定"按钮，新建文件。使用"矩形工具"，设置"填充"为 CMYK（82，80，76，61），"描边"为无，在画布中绘制矩形，如图 4-17 所示。

图 4-16 设置"新建文件"对话框

图 4-17 绘制矩形

提示 ▶▶ 在 Illustrator 的"新建文件"对话框中可以直接为文件设置出血区域的大小，此处所新建的是标准名片尺寸 90mm×54mm，四边各留 3mm 的出血。在新建的文件中可以看出，红色线框与黑色线框之间的为出血区域，在最终印刷成品时，该部分区域将会被裁切掉，黑色线框内的区域才是成品的大小。

02 使用"矩形工具"，设置"填色"为 CMYK（91，66，5，0），"描边"为无，在画布中按住 Shift 键拖动鼠标绘制正方形，如图 4-18 所示。继续使用"矩形工具"，在画布中绘制一个任意填充颜色的正方形，如图 4-19 所示。

图 4-18 利用 Shift 键绘制正方形

图 4-19 使用"矩形工具"绘制正方形

03 同时选中刚绘制的两个正方形，执行"窗口"→"对齐"命令，打开"对齐"面板，分别单击"水平居中对齐"和"垂直居中对齐"按钮，如图 4-20 所示，将两个正方形对齐。打开"路径查找器"面板，单击"减去顶层"按钮▣，得到所需要的图形，如图 4-21 所示。

（a） （b）

图 4-20 "对齐"面板 　　图 4-21 减去图形得到所需要的图形

提示 ▶▶ 同时选中两个或两个以上的操作对象，单击"减去顶层"按钮，可以将下面的对象依据上面对象的形状进行剪裁，相交的部分会被删除，只保留下面对象与上面对象不重叠的部分。新图形的填充和描边颜色与底部对象的填充和描边颜色相同。

04 使用"自由变换工具"，将该图形旋转 45°，如图 4-22 所示。使用"选择工具"，按住 Alt 键拖动该图形，对该图形进行复制，效果如图 4-23 所示。

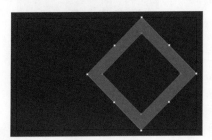
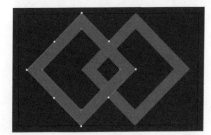

图 4-22 旋转图形 　　　　图 4-23 复制图形

提示 ▶▶ 选中对象，将光标移至对象 4 个角的角点外侧，当光标指针显示为↻形状时，拖动鼠标即可对该对象进行旋转操作，如果在拖动鼠标的同时按住键盘上的 Shift 键，可以将旋转角度控制为 45° 的倍数。

05 使用"矩形工具"，在画布中绘制两个任意填充颜色的矩形，对矩形进行旋转操作并调整到合适的位置，如图 4-24 所示。同时选中刚绘制的两个矩形和之前绘制的图形，如图 4-25 所示。

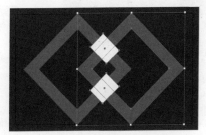

图 4-24 绘制两个矩形并分别旋转 　　图 4-25 同时选中多个矩形

06 单击"路径查找器"面板上的"减去顶层"按钮，得到需要的图形，如图 4-26 所示。同时选中刚绘制的两个图形，按快捷键 Ctrl+G，将图形编组。调整图形到合适的位置，打开"透明度"面板，设置其"不透明度"为 5%，效果如图 4-27 所示。

图 4-26　减去图形得到需要的图形　　　　图 4-27　设置图形不透明度

Part 2：制作名片主体内容

01 复制刚绘制的图形，设置复制得到图形的"不透明度"为 100%，将其调整到合适的大小和位置，如图 4-28 所示。执行"效果"→"风格化"→"投影"命令，弹出"投影"对话框，设置如图 4-29 所示。

图 4-28　复制图形并调整　　　　图 4-29　设置"投影"对话框

> **提示** ▶▶ 在"投影"对话框中，"模式"选项用于设置阴影与对象之间的混合模式；"不透明度"选项用于设置所添加的投影的不透明度；"X 位移"选项用于设置投影与对象之间在水平方向上的移动距离，数值越大，投影离对象的距离越远；"Y 位移"选项用于设置投影与对象之间在垂直方向上的移动距离，数值越小，投影离对象的距离越近；"模糊"选项用于设置投影的模糊程度；"颜色"选项用于设置投影的颜色；选中"暗度"选项，投影颜色将由对象颜色变化的百分比决定。

02 单击"确定"按钮，完成"投影"对话框的设置，效果如图 4-30 所示。使用"修饰文字工具"，在画布中单击并输入文字，设置文字颜色为 CMYK（91，66，5，0），如图 4-31 所示。

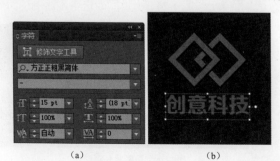

　　　　　　　　　　　　　　（a）　　　　　　　（b）
图 4-30　应用"投影"效果　　　　图 4-31　输入文字

03 选中文字，执行"效果"→"风格化"→"投影"命令，弹出"投影"对话框，设置如图 4-32 所示。单击"确定"按钮，完成"投影"对话框的设置，效果如图 4-33 所示。

图 4-32 设置"投影"对话框

图 4-33 应用"投影"效果

04 使用"矩形工具"，设置"填色"为 CMYK（91，66，5，0），"描边"为无，在画布中绘制一个矩形，如图 4-34 所示。打开"渐变"面板，设置填充颜色为线性渐变，效果如图 4-35 所示。

图 4-34 绘制矩形

图 4-35 填充线性渐变

提示 ▶▶ 此处设置 4 个渐变滑块的颜色值均为 CMYK（91，66，5，0），设置左右两侧的渐变滑块"不透明度"为 0%，中间两个渐变滑块的"不透明度"为 100%。

05 使用"修饰文字工具"，在画布中单击输入文字，并为文字添加"投影"效果，如图 4-36 所示。使用相同的制作方法，可以在画布中输入其他文字内容，完成该企业名片正面的制作，效果如图 4-37 所示。

图 4-36 在画布中输入文字

图 4-37 完成名片正面制作

Part 3：制作名片背面

01 打开 Illustrator，执行"文件"→"新建"命令，弹出"新建文件"对话框，设置如图 4-38 所示，单击"确定"按钮，新建文件。使用"矩形工具"，设置"填色"为 CMYK（82，80，

76，61），"描边"为无，在画布中绘制矩形，如图 4-39 所示。

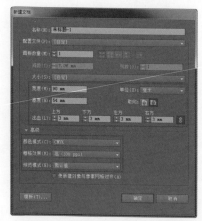

图 4-38 设置"新建文件"对话框

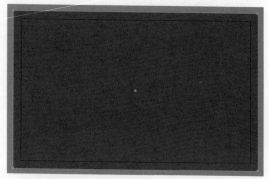

图 4-39 绘制与画布大小相同的矩形

02 使用相同的制作方法，完成相似图形效果的制作，如图 4-40 所示。使用"直线段工具"，设置"填色"为无，"描边"为 CMYK（91，66，5，0），在画布中绘制一条直线，在"描边"面板中设置其"粗细"为 1pt，如图 4-41 所示。

图 4-40 完成背景制作

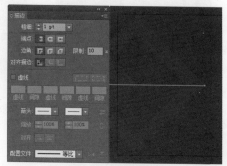

图 4-41 绘制直线

03 执行"效果"→"风格化"→"投影"命令，弹出"投影"对话框，设置如图 4-42 所示。单击"确定"按钮，完成"投影"对话框的处理，并对该直线进行复制，效果如图 4-43 所示。

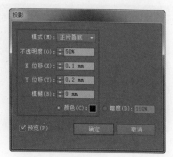

图 4-42 设置"投影"对话框

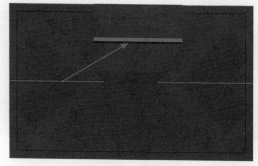

图 4-43 复制直线

04 根据名片正面相同的制作方法，可以完成名片背景其他内容的制作。

●●● 4.2.3 知识扩展——名片印刷注意事项

名片在现代社会中被人们广泛使用，有较多的分类，没有统一的标准。名片持有者的姓名、职业、工作单位、联系方式等是名片中最重要的内容，通过这些内容将名片持有人的简明个人信息标注清楚，并以此为媒介向外传播，是自我介绍快速有效的方法。名片能够发挥宣传自我、宣传企业的作用，是信息时代的联系卡，为人们的生活带来了许多便利。

为了得到最佳的成品效果，印刷名片时需要注意以下 4 点：

（1）文件中的所有图形和文字都需要填充 CMYK 模式的颜色，或者使用 RGB 颜色模式制作，制作完成后再转为 CMYK 颜色模式，不能使用专色。

（2）如果使用黑色的文字，应该使用的颜色值为 CMYK（0，0，0，100），而不是 CMYK（100，100，100，100），后者可能会造成文字印刷重影。

（3）应该将名片的正反面分开保存为两个文件。

（4）低于 0.1mm 的线条是无法印刷出来的，因此在设计过程中应该避免线条的粗细低于0.1mm。

4.3 实战 2：制作会员卡

会员卡是一种企业形象和文化宣传的重要形式，在商业发达的市场经济社会中已经是不可或缺的一种宣传潮流。本节将带领读者一起设计制作一款医疗机构会员卡，使用明亮的色彩与简洁的图形相搭配，给人一种清新、时尚的视觉印象。图 4-44 所示为本案例所设计的会员卡最终效果。

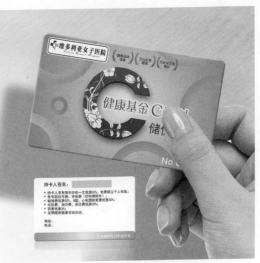

图 4-44 会员卡最终效果

●●● 4.3.1　设计分析

1. 设计思维过程

图 4-45 所示为会员卡的设计思维过程。

为卡片背景填充径向渐变。通过两个圆形相减得到圆环图形，不同大小和位置的圆环来丰富背景的表现

（a）

通过图形的相减制作出主体图形，将该图形复制多次，通过添加相应的效果突出表现主体图形的层次感

（b）

绘制相应的图形并置入素材，输入卡片中相应的文字，并对文字进行处理，完成会员卡正面的制作

（c）

根据会员卡正面相同的制作方法，可以制作出会员卡背面的效果

（d）

图 4-45　会员卡的设计思维过程

2. 设计关键字：渐变填充和剪切蒙版

在本案例所设计的会员卡中，多处使用色彩亮丽的渐变颜色填充，通过渐变填充效果可以使图形的表现效果更加突出和美观。在案例的制作过程中，还多次使用了剪切蒙版的功能，通过剪切蒙版可以将相应的素材对象限制在一定的范围内显示，而范围以外的对象将会被隐藏，这样就极大地展示出设计过程中的图形表现效果。

3. 色彩搭配秘籍：橙色、黄色、紫色

本案例所设计的会员卡使用明度和纯度较高的暖色系色彩相搭配，使用黄色到橙色的渐变颜色作为会员卡的背景颜色，给人一种温暖、明亮、欢乐的氛围。卡片中的主体图形使用洋红色到紫色的渐变颜色，与卡片中的 Logo 和文字色彩相呼应，并且紫色是一种女性化的色彩，契合该医疗机构的特点，整个会员卡的色彩搭配给人温暖、时尚、明亮、女性化的视觉印象。会员卡的配色设置如图 4-46 所示。

RGB（255, 241, 0）
CMYK（0, 0, 100, 0）
（a）

RGB（240, 131, 0）
CMYK（0, 60, 100, 0）
（b）

RGB（182, 0, 102）
CMYK（0, 100, 0, 30）
（c）

图 4-46　会员卡的配色设置

视频

●●● 4.3.2　制作步骤

源文件：源文件 \ 第 4 章 \ 会员卡 .ai　　视频：视频 \ 第 4 章 \ 会员卡 .mp4

Part 1：制作会员卡背景

01 打开 Illustrator，执行"文件"→"新建"命令，弹出"新建文件"对话框，设置如图 4-47 所示，单击"确定"按钮，新建文件。使用"矩形工具"，在画布中绘制任意填充颜色，且"描边"为无的矩形，如图 4-48 所示。

02 选中刚绘制的矩形，打开"渐变"面板，设置其填充颜色为径向渐变，设置如图 4-49 所示。使用"渐变工具"，对该矩形的渐变填充效果进行调整，效果如图 4-50 所示。

图 4-47　设置"新建文件"对话框

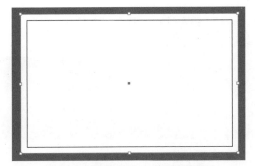

图 4-48　绘制与画布大小相同的矩形

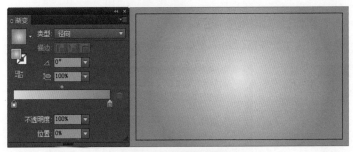

图 4-49　设置渐变颜色

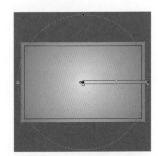

图 4-50　调整径向渐变填充效果

提示 ▶▶ 色标是指渐变从一种颜色到另一种颜色的转折点，可以单击没有色标的地方创建新色标，也可以拖动已有色标改变其位置。色标的颜色可以在"颜色"面板中进行修改。如果是径向渐变，则最左侧的色标定义的是中心点的颜色，该径向渐变填充是从这个中心点向外辐射过渡到最右侧的色标的颜色。

03 使用"椭圆工具"，在画布中绘制一个圆形，并为其填充刚设置的径向渐变颜色，如图 4-51 所示。复制该圆形，执行"编辑"→"贴在前面"命令，将复制得到的圆形等比例缩小，效果如图 4-52 所示。

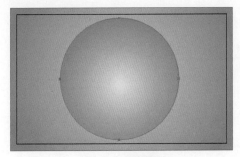

图 4-51　绘制圆形

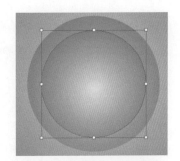

图 4-52　复制圆形并等比例缩小

04 同时选中两个圆形，打开"路径查找器"面板，单击"减去顶层"按钮，得到需要的图形，将该图形调整到合适的大小和位置，如图 4-53 所示。将该圆环图形复制多次，并分别调整到不同的大小、位置和渐变颜色填充效果，如图 4-54 所示。

(a)

(b)

图 4-53　减去图形得到需要的图形

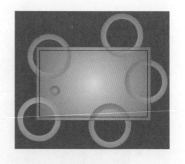

图 4-54　复制图形并分别进行调整

05 同时选中刚绘制的所有圆环图形，按快捷键 Ctrl+G，将其编组。使用"矩形工具"，在画布中绘制一个"描边"为无的矩形，同时选中刚绘制的矩形与圆环组，如图 4-55 所示。执行"对象"→"剪切蒙版"→"建立"命令，创建剪切蒙版，将不需要的部分隐藏，效果如图 4-56 所示。

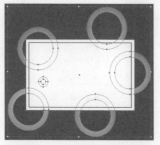

图 4-55　选中矩形和圆环图形

图 4-56　创建剪切蒙版后的效果

提示 ▶▶ "剪切蒙版"可以用一个图形来遮盖其他图形，在创建剪切蒙版后，只能看到位于蒙版形状内的对象，从效果上来说，就是将图剪切为蒙版的形状。"剪切蒙版"和被蒙版的对象统称为剪切组合。只有矢量图形可以作为剪切蒙版，但任何对象都可以作为被遮盖的对象。

Part 2：制作会员卡主体图案

01 使用"椭圆工具"，在画布中绘制一个任意填充颜色的圆形，如图 4-57 所示。复制该圆形，执行"编辑"→"贴在前面"命令，将复制得到的圆形等比例缩小，效果如图 4-58 所示。

图 4-57　绘制正圆形

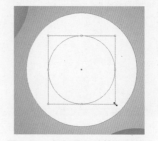

图 4-58　复制圆形并等比例缩小

02 同时选中两个圆形，单击"路径查找器"面板上的"减去顶层"按钮，得到圆环图形，如图 4-59 所示。使用相同的制作方法，在该圆环图形的基础上再减去一个矩形，得到需要的图形，如图 4-60 所示。

图 4-59　减去图形得到圆环图形

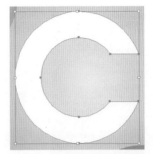

图 4-60　减去矩形得到需要图形

03 选中刚绘制的图形，打开"渐变"面板，设置其填充颜色为线性渐变，设置如图 4-61 所示。执行"效果"→"风格化"→"投影"命令，弹出"投影"对话框，设置如图 4-62 所示。

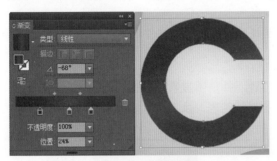

图 4-61　设置渐变颜色

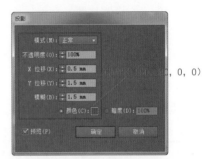

图 4-62　设置"投影"对话框

提示 ▶▶ 此处"渐变"面板中渐变滑块颜色由左至右依次为 CMYK（0，100，0，70）、CMYK（0，100，0，30）、CMYK（0，100，0，60）。渐变颜色填充的角度可以在"渐变"面板中的"角度"选项中直接设置，也可以使用"渐变工具"在图形上拖动鼠标来调整渐变颜色填充的角度。

04 单击"确定"按钮，完成"投影"对话框的设置，效果如图 4-63 所示。复制该图形，执行"编辑"→"贴在前面"命令，打开"外观"面板，将复制得到图形的"投影"效果删除，如图 4-64 所示。

图 4-63　应用"投影"效果

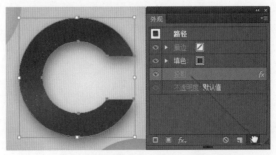

图 4-64　复制图形并删除"投影"效果

05 选中复制得到的图形，打开"渐变"面板，修改渐变颜色设置，将该图形向上移动一些，如图 4-65 所示。执行"文件"→"置入"命令，打开素材图像"源文件 \ 第 4 章 \4301.tif"，单击选项栏中的"嵌入"按钮，嵌入素材，如图 4-66 所示。

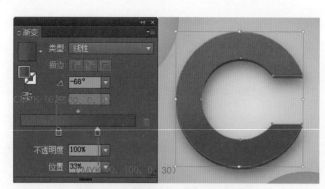

图 4-65　设置渐变颜色并移动图形位置　　　　　　图 4-66　置入素材

> **提示** ▶▶ 将素材置入设计文件中，需要单击选项栏中的"嵌入"按钮，将素材嵌入当前文件中。如果不嵌入素材，则素材将以链接的形式出现在文件中，素材丢失或改名，就无法链接到所置入的素材。

06 调整该素材图像到合适的大小和位置，并复制该素材图像，调整到合适的大小、位置和角度，如图 4-67 所示。复制前面制作的形状图形，执行"编辑"→"就地粘贴"命令，将其粘贴到最上层，同时选中两个素材图像和复制得到的图形，如图 4-68 所示。

图 4-67　复制素材并分别进行调整　　　　　　图 4-68　同时选中图形和素材

07 执行"对象"→"剪切蒙版"→"建立"命令，创建剪切蒙版，在"透明度"面板中设置其"不透明度"为 90%，效果如图 4-69 所示。使用"修饰文字工具"，在画布中单击并输入文字，设置文字颜色为 CMYK（50，100，0，0），效果如图 4-70 所示。

图 4-69　创建剪切蒙版效果　　　　　　图 4-70　输入文字

08 执行"文字"→"创建轮廓"命令，将文字创建为轮廓图形，设置其"描边"为 CMYK（0，

0，100，0），打开"描边"面板，设置"粗细"和"对齐描边"选项，如图 4-71 所示。使用相同的制作方法，输入其他文字并进行相应的设置，效果如图 4-72 所示。

图 4-71　设置"描边"选项

图 4-72　输入其他文字并进行处理

09 使用"圆角矩形工具"，设置"填色"为 CMYK（0，0，0，10），"描边"为无，在画布中单击，弹出"圆角矩形"对话框，对相关选项进行设置，如图 4-73 所示。单击"确定"按钮，在画布中绘制出圆角矩形，如图 4-74 所示。

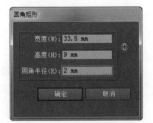

图 4-73　设置"圆角矩形"对话框

图 4-74　绘制圆角矩形

提示 ▶▶ 在使用"圆角矩形工具"拖动绘制圆角矩形的过程中，可以按向上或向下方向键增大或减小圆角半径值。按左方向键可以使圆角变成最小半径值，按右方向键可以使圆角变成最大半径值。按住 Shift 键可以绘制正圆角矩形，按住 Alt 键可以绘制以鼠标单击点为中心向四周延伸的圆角矩形。

10 复制该圆角矩形，原位粘贴，将复制得到的圆角矩形等比例缩小，设置其"填色"为白色，"描边"为 CMYK（50，100，0，0），"粗细"为 1pt，效果如图 4-75 所示。打开 Logo 素材"源文件\第 4 章\4302.ai"，将 Logo 图形复制到设计文件中并调整到合适的大小和位置，如图 4-76 所示。

图 4-75　复制圆角矩形并进行设置

图 4-76　复制 Logo 图形

11 使用"修饰文字工具"，在画布中输入文字，效果如图 4-77 所示。使用相同的制作方法，置入相应的素材图像，并输入文字，完成该会员卡正面的制作，效果如图 4-78 所示。

图 4-77　输入文字

图 4-78　完成会员卡正面制作

Part 3：制作会员卡模切

01 因为该会员卡最终成品需要制作成圆角效果，所以我们还需要为其制作模切效果。使用"圆角矩形工具"，设置"填色"为无，"描边"为黑色，"粗细"为 0.25pt，在画布中单击，弹出"圆角矩形"对话框，对相关选项进行设置，如图 4-79 所示，单击"确定"按钮，在画布中绘制出圆角矩形，如图 4-80 所示。

图 4-79　设置"圆角矩形"对话框

图 4-80　绘制圆角矩形

02 同时选中刚绘制的圆角矩形与右下角的编号文字，将其移至文件画布以外，将编号文字填充为黑色，完成该会员卡模切的制作，效果如图 4-81 所示。

图 4-81　完成会员卡模切的制作

提示 ▶▶ 通常会员卡上的编码都会有凸起的效果，这样可以使卡片看起来更高档，这种编号凸起的效果是印刷后期通过打码机打出来的效果。设计师在设计会员卡时，只需要在旁边标识出需要打码的位置，并与印刷厂沟通好需要什么工艺效果即可。

03 新建一个空白文件，使用相同的制作方法，可以完成该会员卡背景的制作，效果如图 4-82 所示。

04 完成该会员卡的制作。

图 4-82　完成会员卡背面制作

●●● 4.3.3　知识扩展——卡片的视觉流程

卡片设计的版式有别于其他平面设计作品的编排，根据卡片的尺寸、外形以及内容的特征，版面编排一般采用简洁、大方的模式。

一个好的卡片设计，需要符合合理的视觉流程，合理的视觉流程应该具有以下两个特点。

1. 主题突出

画面中的视觉中心往往是对比最强的地方，要增强画面的对比，就要把握这样几个方面：面积对比、线度对比、明度对比、色相对比、补色对比、动静对比、具象与抽象对比等，并且应以阅读习惯来确定主题的位置。

2. 视觉流程明确，层次分明

卡片的视觉流程顺序受视觉的主从关系影响，通常卡片的视觉中心是卡片的主题，其次是主题的辅助说明，最后是标志和图案。如果是横版构图，人的视线是左右流动的；如果是竖版构图，人的视线就是上下流动的。图 4-83 所示为设计出色的卡片效果。

（a）　　　　　　　　　　　　　　　　　　（b）

图 4-83　设计出色的卡片效果

4.4　卡片设计欣赏

完成本章内容的学习，希望读者能够掌握卡片的设计制作方法和技巧，下面提供一些精美的卡片设计模板供读者欣赏，如图 4-84 所示。读者可以自己动手练习，检验一下自己是否也能够设计制作出这样的卡片。

图 4-84　卡片设计欣赏

4.5　本章小结

在人们的日常生活中，各种类型的卡片随处可见，本章主要介绍了卡片设计的相关知识，包括卡片的常用尺寸、设计流程、构成元素及常用工艺等相关知识，并通过典型的名片和会员卡的设计制作，讲解了卡片设计制作的方法和技巧。完成本章内容的学习，读者需要能够理解卡片的相关知识，并掌握卡片设计制作的方法。

第5章　宣传广告设计

宣传广告是伴随着商品交换的产生而出现的，可以说哪里有商品的生产和交易，哪里就有宣传广告。宣传广告所起的作用不只是单纯的刺激需要，它更为微妙的作用在于改变人们的习俗。宣传广告的普遍渗透性，使之成为新生活方式展示新价值观的预告。本章将介绍宣传广告设计的相关知识，并通过不同类型宣传广告案例的制作讲解，使读者掌握各种类型宣传广告的设计方法和技巧。

5.1　了解宣传广告设计

在现代社会中，广告已经渗透到人们生活的各个层面，作为沟通产品和大众之间的桥梁而存在，特别是进入大众消费领域的商品都具有一定美的艺术形态，这样美的形态同产品本身的使用价值紧紧地附在一起，形成可视、可感、可触和可用的"生活之美"。

●●● 5.1.1　宣传广告的分类

广告可以按照不同的区分标准进行分类，例如，按广告的目的、对象、广告地区、广告媒介、诉求方式和商品不同生命周期等划分广告类别。随着生产和商品流通的不断发展，广告种类也越分越细，下面从不同的角度对广告的种类进行划分。

1. 根据盈利目的分类

从广告的最终目的出发，宣传广告可以划分为商业广告和非商业广告两大类。商业广告又称营利性广告或经济广告，广告的目的是通过宣传推销商品或服务，从而取得利润。图5-1所示为商业广告。非商业广告又称非营利性广告，一般是指具有非盈利目的并通过一定的媒介而发布的广告。图5-2所示为非商业广告。

　（a）　　　　　　（b）

图5-1　商业广告

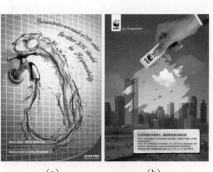

　（a）　　　　　　（b）

图5-2　非商业广告

2．根据目标群体分类

商品的消费和流通各有其不同的目标群体，这些目标群体就是消费者、工业厂商、批发商以及能直接对消费习惯产生影响的社会专业人士或职业团体。不同的目标群体所处的地位不同，其购买目的、购买习惯和消费方式等也有所不同。广告活动必须根据不同的目标群体实施不同的诉求。可以按宣传广告的目标群体对广告进行分类：消费者广告、工业用户广告、商业批发广告和媒介性广告。

3．根据宣传目的分类

宣传广告的最终目的都是为了推销商品，取得利润。但其直接目的有时是不同的，也就是说，达到其最终目的的手段具有不同的形式。以这种手段的不同来区分商业广告，又可以把其分为商品销售广告、企业形象广告、企业观念广告 3 类，如图 5-3 所示。

（a）商品销售广告　　　　　　　　（b）企业形象广告　　　　　　　　（c）企业观念广告

图 5-3　根据宣传目的分类的广告

4．根据目标地区分类

由于宣传广告所选用的媒体不同，广告影响涉及范围不同，因此，按广告传播的地区又可以分为全球性广告、全国性广告、区域性广告和地区性广告。

5．根据媒介分类

按照广告所选用的媒体，可以把广告分为报纸广告、杂志广告、印刷广告、广播广告、电视广告和计算机网络广告。此外，还有邮寄广告、招贴广告和路牌广告等各种形式。广告可采取一种形式，亦可多种并用，各广告形式是相互补充的关系。

6．根据诉求方式分类

按照广告的诉求方式分类，是指广告借用什么样的表达方式以引起消费者的购买欲望并采取购买行动的一种分类方法，可以分为理性诉求广告与感性诉求广告两大类。

7．根据商品的生命周期分类

按照商品生命周期阶段分类的广告可以分为开拓期广告、竞争期广告和维持期广告。

● ● ● **5.1.2　宣传广告设计常用的创意方法**

再好的广告创意策略也需要建立在产品的高品质基础上，具有卓越的品质和服务，辅以准确的策略。宣传广告创意的主要策略有以下几种：目标策略、传达策略、诉求策略、个性策略和品牌策略。图 5-4 所示为创意独特的宣传广告设计。

图 5-4　创意独特的宣传广告设计

精致的宣传广告能够吸引消费者，能够把一种概念、一种思想通过精美的构图和版式，将信息传达给消费者。宣传广告常用的创意手法有：展示法、联想法、特征法、系列法、比喻法、幽默法、夸张法、对比法、悬念法、情感法、迷幻法和情感法。图 5-5 所示为使用系列法的宣传广告。

图 5-5　使用系列法设计的宣传广告

●●● 5.1.3　宣传广告的设计原则

宣传广告的设计重点在于主题明确、设计新颖和吸引受众人群。宣传广告设计中画面构图就是为了吸引消费者的视线，以提高自身价值为主要目的，在广告构图中解决形与空间的关系。

宣传广告的设计根据广告的性质和目的，有一定的设计原则，包括真实性原则、创新性原则、形象性原则和情感性原则。

1. 真实性原则

真实性是宣传广告的生命和本质，是广告的灵魂。宣传广告作为一种负责任的信息传递，真实性原则始终是宣传广告设计首要的和基本的原则。在广告设计过程中，无论如何进行艺术处理，其所宣传的产品或服务等内容应该是真实的，如图 5-6 所示。

2. 创新性原则

宣传广告的设计还需要体现创新性的原则，个性化的广告内容和独创的表现形式，都能够充分体现出宣传广告的独创性。遵循宣传广告的创新性原则有助于塑造鲜明的品牌个性，让产品脱颖而出，如图 5-7 所示。

图 5-6　广告的真实性原则　　　　　　　　图 5-7　广告的创新性原则

3．形象性原则

宣传广告需要重视品牌和企业形象的塑造。每一个平面广告作品，都是对产品或企业形象的长期投资。因此应该努力遵循形象性原则，在广告设计中注重品牌和企业形象的创造，充分发挥形象的感染力和冲击力，如图 5-8 所示。

4．情感性原则

在宣传广告设计中还需要注意情感性原则的运用，尤其对于某些具有浓厚感情色彩的平面广告，更是设计中不容忽视的表现因素。要在平面广告中极力渲染感情色彩，烘托产品给人们带来的精神美的享受，诱发消费者的感情，使其沉醉于商品形象所给予的欢快愉悦之中，从而产生购买的愿望，如图 5-9 所示。

（a）　　　　　　　　　（b）

图 5-8　广告的形象性原则

图 5-9　广告的情感性原则

5.2　实战 1：制作食品宣传广告

平面宣传广告作为一种商品宣传推广的重要方式，在我们的日常生活中几乎每天都能见到，如何通过新颖的方式突出表现商品的特点，给人留下深刻的印象，是衡量宣传广告设计成功与否的重要指标。本节将带领读者一起完成一个食品宣传广告的设计制作，将食品与该食品的原材料相结合，体现出食品的美味以及食材的新鲜，给人留下深刻印象。图 5-10 所示为本案例设计制作的食品宣传广告的最终效果。

(a)　　　　　　　　　　　　　　　　(b)

图 5-10　食品宣传广告最终效果

5.2.1　设计分析

1. 设计思维过程

如图 5-11 所示为食品宣传广告的设计思维过程。

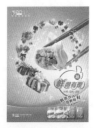

为广告背景填充径向渐变，并在画面中心位置绘制圆环图形，辅助画面中心主体图形的表现	将产品图片放置在画面中心，将各种食物原料围绕产品图片进行放置，并绘制点状效果，使产品的表现更加美观	在广告画面部分绘制圆弧状图形分割广告中不同的内容区域，使广告画面层次更加清晰	通过图形与文字的相互叠加突出表现主题文字内容，使该宣传广告表现得简洁、大方、直观
(a)	(b)	(c)	(d)

图 5-11　食品宣传广告的设计思维过程

2. 设计关键字：画笔工具

在该食品宣传广告的设计中，在主体图形部分使用画笔工具来绘制出大小和形状不一的光点，辅助食品图形的表现，使画面中主体图形的表现效果更加突出和富有梦幻般的效果。该宣传广告中的文字内容较少，仅仅在画面右下角的位置通过对文字的倾斜和变形处理表现广告的主题，主体图像与简洁的主题文字相辅相成，使得该广告的表现效果重点突出，美观、大方。

3. 色彩搭配秘籍：黄色、橙色、绿色

本案例所设计的食品宣传广告采用黄色到橙色的渐变颜色作为广告背景主色调，给人一种温馨、舒适、欢乐的视觉印象，并且暖色调颜色具有增强食欲的效果。广告主题文字使用绿色，与背景的黄色和橙色形成鲜明对比，能够有效突出主题文字的表现效果，并且绿色的文字与广告画面中各种绿色蔬菜素材相呼应，体现出食品的纯天然和健康，整个宣传广告的色彩搭配色调统一，给人一种温暖、欢乐的印象，其配色设置如图 5-12 所示。

RGB（255, 251, 227）　　　　　　RGB（246, 168, 34）　　　　　　RGB（0, 147, 51）
CMYK（0, 2, 15, 0）　　　　　　　CMYK（0, 42, 88, 0）　　　　　　CMYK（80, 0, 100, 20）
(a)　　　　　　　　　　　　　　(b)　　　　　　　　　　　　　　(c)

图 5-12　食品宣传广告的配色设置

视频

5.2.2 制作步骤

源文件：源文件 \ 第 5 章 \ 食品宣传广告.psd　　　视频：视频 \ 第 5 章 \ 食品宣传广告.mp4

Part 1：制作广告背景

01 打开 Photoshop，执行"文件"→"新建"命令，弹出"新建"对话框，设置如图 5-13 所示，单击"确定"按钮，新建文件。按快捷键 Ctrl+R，显示文件标尺，从文件标尺中拖出参考线定位四边的出血区域，如图 5-14 所示。

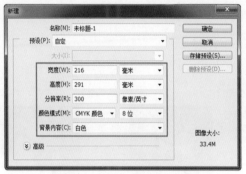

图 5-13　设置"新建"对话框

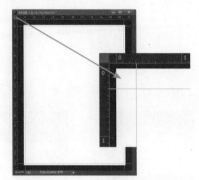

图 5-14　拖出参考线定位出血区域

提示 ▶▶　在 Photoshop 的"新建文件"对话框中不能直接设置出血区域的大小，因此在新建文件时需要将出血尺寸计算在内。例如，本案例的广告成品尺寸是 210mm×285mm，在新建文件时需要为各边预留 3mm 的出血，所以新建的文件尺寸为 216mm×291mm。在新建的文件中通过参考线标识四边各 3mm 的出血区域。

02 新建"图层 1"，使用"渐变工具"，打开"渐变编辑器"对话框，设置渐变颜色，如图 5-15 所示。单击"确定"按钮，完成渐变颜色的设置，在画布中拖动鼠标填充径向渐变，效果如图 5-16 所示。

CMYK（0，42，88，0）

CMYK（0，2，15，0）

图 5-15　设置渐变颜色

图 5-16　填充径向渐变

03 新建"图层 2"，使用"渐变工具"，打开"渐变编辑器"对话框，设置从橙色到透明的渐变颜色，如图 5-17 所示。单击"确定"按钮，完成渐变颜色的设置，在画布右上角拖动鼠标填充径向渐变，效果如图 5-18 所示。

图 5-17　设置从橙色到透明渐变颜色

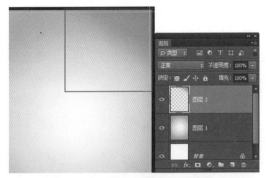
图 5-18　在画布右上角填充径向渐变

04 新建"图层 3"，使用"椭圆工具"，在选项栏中设置"工具模式"为"路径"，在画布中绘制圆形路径，如图 5-19 所示。使用"画笔工具"，设置"前景色"为 CMYK（1，6，56，0），在选项栏中对相关选项进行设置，单击"路径"面板上的"用画笔描边路径"按钮，如图 5-20所示。

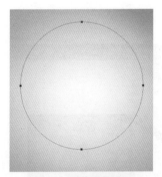
图 5-19　绘制圆形路径

图 5-20　单击"用画笔描边路径"按钮

提示 ▶▶ 在"路径"面板中列出了所有存储的路径、当前工作路径和形状路径，要查看路径，必须在"路径"面板中选择相应的路径名。单击"路径"面板上的"用画笔描边路径"按钮，可以按当前设置的"画笔工具"和前景色沿着路径进行描边。

05 完成使用画笔描边路径的操作，取消路径的选中状态，效果如图 5-21 所示。为"图层 3"添加图层蒙版，使用"画笔工具"，设置"前景色"为黑色，在蒙版中进行涂抹处理，效果如图 5-22所示。

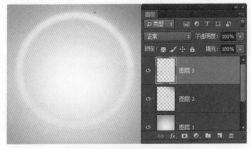
图 5-21　画笔描边路径效果

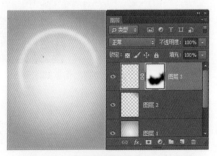
图 5-22　添加图层蒙版进行涂抹处理

Part 2：制作产品表现效果

01 新建名称为"产品"的图层组，打开并拖入素材图像"源文件\第 5 章\素材\5201.tif"，如图 5-23 所示。使用相同的制作方法，拖入其他素材图像，并分别调整到合适的大小和位置，如图 5-24 所示。

图 5-23　拖入产品素材图像

图 5-24　拖入其他素材图像

02 新建图层，使用"钢笔工具"，在画布中绘制曲线路径，如图 5-25 所示。使用"画笔工具"，设置"前景色"为白色，在选项栏中对笔触的相关选项进行设置，单击"路径"面板上的"用画笔描边路径"按钮，效果如图 5-26 所示。

图 5-25　绘制曲线路径

图 5-26　使用画笔描边路径效果

03 使用相同的绘制方法，可以绘制出其他相似的图形，效果如图 5-27 所示。使用"钢笔工具"，在画布中绘制路径，如图 5-28 所示。

图 5-27　绘制出相似的图形

图 5-28　绘制路径

提示 ▶▶▶ 在使用"钢笔工具"绘制路径时，如果按住 Ctrl 键，可以将正在使用的"钢笔工具"临时转换为"直接选择工具"；如果按住 Alt 键，可以将正在使用的"钢笔工具"临时转换为"转换点工具"。

04 按快捷键 Ctrl+Enter，将路径转换为选区，新建图层，使用"渐变工具"，打开"渐变编辑器"对话框，设置从白色到透明的渐变，在选区中填充线性渐变，效果如图 5-29 所示。使用相同的制作方法，可以完成相似图形效果的绘制，如图 5-30 所示。

图 5-29　为选区填充线性渐变

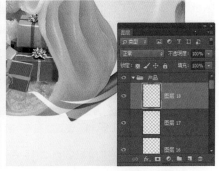

图 5-30　绘制出相似的图形

05 使用相同的制作方法，打开并拖入其他素材图像，分别调整到合适的大小和位置，如图 5-31 所示。选择"画笔工具"，打开"画笔预设"选取器，载入外部画笔"源文件 \ 第 5 章 \ 素材 \ 光点 .abr"，如图 5-32 所示。

图 5-31　拖入其他素材图像

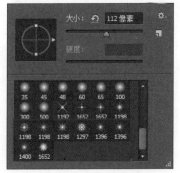

图 5-32　载入外部画笔

提示 ▶▶ 在"画笔预设"选取器的面板菜单中选择"载入画笔"选项，可以在弹出的对话框中选择外部画笔文件，可以将所选择的外部画笔载入画笔预设中，但不会清除已经存在的画笔。

06 新建图层，使用"画笔工具"，设置"前景色"为白色，打开"画笔"面板，对相关参数进行设置，如图 5-33 所示。在画布中拖动鼠标绘制出光点的效果，如图 5-34 所示。

提示 ▶▶ 在"画笔"面板中的"画笔笔尖形状"选项卡中可以选择需要使用的画笔笔触，并对画笔的基础属性进行设置；在"形状动态"选项卡中可以设置画笔笔触的变化，包括大小抖动、角度抖动、圆度抖动等特性；在"散布"选项卡中可以设置画笔笔触散布的数量和位置。

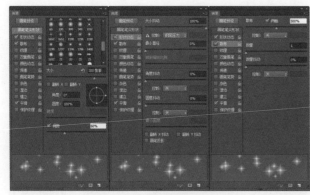

图 5-33 设置"画笔"面板

图 5-34 绘制光点效果

07 新建图层，使用相同的制作方法，可以在画布中绘制出其他的光点效果，如图 5-35 所示。新建名称为"辅助信息"的图层组，新建图层，使用"钢笔工具"，在画布中绘制路径，按快捷键 Ctrl+Enter，将路径转换为选区，如图 5-36 所示。

图 5-35 绘制其他光点

图 5-36 绘制路径并将路径转换为选区

提示 ▶▶ 在使用"画笔工具"时，按键盘上的 [或] 键可以减小或增加画笔笔触的直径；按住 Shift+[或 Shift+] 键，可以减小或增加具有柔边、实边的圆或书法画笔的硬度；按主键盘区域和小键盘区域的数字键可以调整画笔工具的不透明度；按住 Shift+ 主键盘区域的数字键可以调整画笔工具的流量。

Part3：制作广告辅助信息

01 执行"选择"→"修改"→"羽化"命令，在弹出对话框中设置"羽化半径"为 30 像素，为选区填充颜色 CMYK（0，66，96，0），取消选区，效果如图 5-37 所示。新建图层，在画布中绘制路径并将路径转换为选区，使用"渐变工具"，设置渐变颜色，为选区填充线性渐变，效果如图 5-38 所示。

图 5-37 羽化选区并填充颜色

图 5-38 绘制选区并填充线性渐变

02 使用相同的制作方法，可以完成相似图形的绘制，效果如图 5-39 所示。打开并拖入素材图像"源文件 \ 第 5 章 \ 素材 \5222.tif"，调整到合适位置，将该图层创建剪贴蒙版，设置其"混合模式"为"正片叠底"，"不透明度"为 30%，效果如图 5-40 所示。

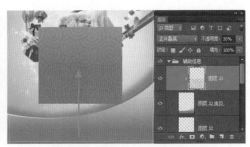

图 5-39　绘制相似图形　　　　　　　　图 5-40　拖入素材图像并进行设置

03 打开并拖入相应的素材图像，分别调整到合适的大小和位置，如图 5-41 所示。复制"图层 36"，将复制得到的图像垂直翻转并向下移动，为该图层添加图层蒙版，在蒙版中填充黑白线性渐变，设置该图层"不透明度"为 45%，效果如图 5-42 所示。

图 5-41　拖入素材图像　　　　　　　　图 5-42　制作图像的镜面投影效果

04 新建图层，使用"画笔工具"，设置"前景色"为白色，选择合适的笔触和笔触大小，在画布中合适的位置绘制白色光点，如图 5-43 所示。使用"椭圆工具"，在选项栏中对相关选项进行设置，在画布中绘制一个圆形，如图 5-44 所示。

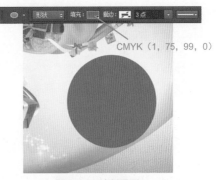

图 5-43　绘制白色光点　　　　　　　　图 5-44　绘制圆形

05 使用"椭圆工具"，在选项栏中设置"路径操作"为"减去顶层形状"，在刚绘制的圆形上减去一个圆形，得到需要的图形，如图 5-45 所示。新建图层，使用"钢笔工具"，在画布中绘制路径，将路径转换为选区，为选区填充颜色 CMYK（1，75，99，0），效果如图 5-46 所示。

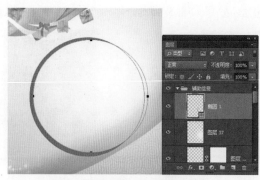

图 5-45　减去圆形得到需要的图形

图 5-46　绘制图形

> **提示** ▶▶▶ 在使用矢量绘图工具绘制图形时，如果在选项栏中设置"路径操作"为"减去顶层形状"，则可以在已经绘制的路径或形状图形中减去当前绘制的路径或形状。

06 使用"椭圆工具"，在画布中绘制多个圆形，效果如图 5-47 所示。复制"椭圆 3"图层得到"椭圆 3 拷贝"图层，将复制得到的图形等比例缩小，为该图层添加"渐变叠加"图层样式，对相关选项进行设置，如图 5-48 所示。

图 5-47　绘制多个圆形

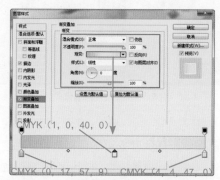

图 5-48　设置"渐变叠加"图层样式

> **提示** ▶▶▶ 此处在绘制绿色的多个圆形时，为了使多个绿色的圆形处于同一个图层中，可以在绘制时设置"路径操作"为"添加形状"，这样就可以将多个形状图形绘制在同一个图层中。也可以分别绘制形状图形，再将多个形状图层合并，同样可以使多个形状图形处于同一个图层中。

07 添加"描边"图层样式，对相关选项进行设置，如图 5-49 所示。单击"确定"按钮，完成"图层样式"对话框的设置，效果如图 5-50 所示。

08 使用"横排文字工具"，在"字符"面板中进行设置，在画布中单击输入文字，如图 5-51 所示。复制文字，修改文字颜色为白色，将文字向左上方移动一些，再次复制文字，将文字向左上方移动一些，效果如图 5-52 所示。

图 5-49 设置"描边"图层样式

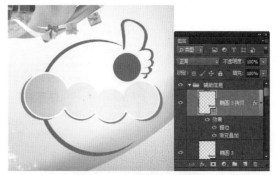

图 5-50 应用图层样式效果

图 5-51 输入文字

图 5-52 复制文字并移动位置

09 使用相同的制作方法，绘制相应的图形并在画布中输入其他文字，如图 5-53 所示。选中相应的文字图层，执行"类型"→"文字变形"命令，在弹出对话框中进行设置，效果如图 5-54 所示。

图 5-53 绘制图形并输入文字

图 5-54 设置变形文字效果

提示 ▶▶ 在"变形文字"对话框中，选择"水平"选项，则文本扭曲的方向为水平；选择"垂直"选项，则文本扭曲的方向为垂直方向；"弯曲"选项用来设置文本的弯曲程度；通过"水平扭曲"和"垂直扭曲"这两个选项的设置可以对文本应用透视效果。

10 为该图层添加"描边"图层样式，对相关选项进行设置，如图 5-55 所示。单击"确定"按钮，完成"图层样式"对话框的设置，对文字进行旋转操作并调整到合适的位置，如图 5-56 所示。

图 5-55　设置"描边"图层样式

图 5-56　应用图层样式并旋转文字

11 使用相同的制作方法，可以完成该食品宣传广告的设计制作。

●●● 5.2.3　知识扩展——宣传广告的要素

每一则宣传广告都有一些基本的要素，如广告主、信息、广告媒介、广告费用和广告受众。

1. 广告主

所谓广告主，即进行广告者，是指提出发布宣传广告的企业、团体或个人，如工厂、商店、宾馆、饭店、公司、戏院或个体生产者等。广告的传播起始于广告主，并最终由他决定广告的目标、受众、发布的媒体、费用以及活动持续时间。

2. 信息

宣传广告的主要信息包括商品信息、活动信息和观念信息等。商品信息包括产品的性能、质量、产地和用途等。活动信息包括各种非商品形式的买卖或半商品形式的买卖服务性的消息，如文化活动、旅游服务、餐饮、医疗以及信息咨询服务等行业的信息。观念信息是指通过广告活动倡导某种意识，使消费者树立一种有利于广告者推销其商品的消费观念。例如，旅游公司印发的宣传小册子，不是着重谈其经营项目，而是重点渲染介绍世界各地的大好河山、名胜古迹和异国风情，使读者产生对自然风光和异域风情的审美情趣，从而激发他们参加旅游的欲望。广告的观念信息，其实质也是为了推销其商品，只是采取了不同的表现手法。图 5-57 所示为不同内容形式的宣传广告。

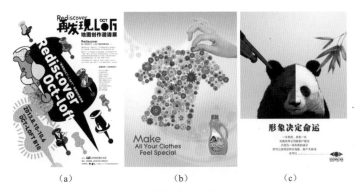

（a）　　　　　　　　　（b）　　　　　　　　　（c）

图 5-57　不同内容形式的宣传广告

3．广告媒介

　　广告活动是一种有计划的大众传播活动，其信息要运用一定的物质技术手段，才能得以广泛传播。广告媒介也可以称为广告媒体，是将信息从广告主传达给受众的沟通渠道，也就是传播信息的中介物，它的具体形式有报纸、杂志、广播、电视和广告牌等。国外把广告业称为传播产业，因为广告离开媒介传播信息，交流就停止了，由此可见广告媒介的重要性。图 5-58 所示为宣传广告在不同媒介中的表现。

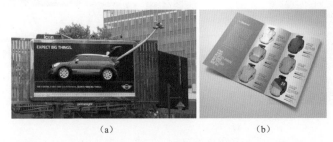

（a）　　　　　　　　　　　　　　（b）

图 5-58　广告在不同媒介中的表现

4．广告费用

　　所谓广告费，就是从事广告活动所需要付出的费用。广告活动需要经费，利用媒介要支付各种费用，如购买报纸或杂志版面需要支付相应的费用，购买电台或电视的时间也需要支付费用。广告主进行广告投资，支付广告费用，目的是扩大商品销售，获得更多利润。

5．广告受众

　　广告受众，即与广告对应的宣传对象——受众群体，所有的广告策略都始于受众。作为广告受众的消费群体的构成和分类取决于不同的社会和文化因素。不同的文化群体背景可以产生行为取向的不同类型。另外，社会地位、教育、收入、财产、职业、家庭、年龄和性别等都是形成消费群体差异的因素。在广告策略中，每一个方针和手段都是以细分的受众为目标制订的。

5.3　了解 DM 广告设计

　　DM 广告设计的重点是将广告创作通过一定的形式表现出来，体现设计者的心智。DM 广告在总体上求新求异，充分体现广告创意的内容，将商品信息或广告主信息最大限度地传递给目标市场，画面布局的好坏直接影响广告宣传的效果。

●●● 5.3.1　什么是 DM 广告

DM 是英文 Direct Mail Advertising 的省略表达，译为"直接邮寄广告"，即通过邮寄、赠送等形式，将宣传品送到消费者手中、家里或公司所在地，是一种广告宣传的手段。也可以将 DM 表述为 Direct Magazine Advertising（直投杂志广告）。两者没有本质上的区别，都强调直接投递或邮寄。因此，DM 是区别于传统的广告刊载媒体、报纸、电视、广播、互联网等的新型广告发布载体。DM 通常由 8 开或 16 开广告纸正反面彩色印刷而成，采取邮寄、定点派发、选择性派送到消费者住处等多种方式广为宣传，是超市最重要的促销方式之一。

●●● 5.3.2　DM 广告的类型

DM 广告形式有广义和狭义之分，广义上包括广告单页，如大家熟悉的街头巷尾、商场超市散布的传单，肯德基、麦当劳的优惠券也包括其中。图 5-59 所示为 DM 广告单页。狭义上的 DM 广告仅指装订成册的集纳型广告宣传画册，页数为 10～200 页不等，如一些大型超市邮寄广告页数一般都在 20 页左右。图 5-60 所示为 DM 广告宣传册。

图 5-59　DM 广告单页

图 5-60　DM 广告宣传册

常见的 DM 广告类型主要有：销售函件、商品目录、商品说明书、小册子、名片、明信片、贺年卡、传真以及电子邮件广告等。免费杂志成为近几年 DM 广告中发展得比较快的媒介，目前主要分布在既具备消费实力又有足够高素质人群的大中型城市中。图 5-61 所示为常见的 DM 广告。

（a）　　　　　　　　（b）　　　　　　　　（c）

图 5-61　常见的 DM 广告

●●● 5.3.3　DM 广告的设计要求

DM 广告是指采用排版印刷技术制作，以图文作为传播载体的视觉媒体广告。这类广告一般采用宣传单页或杂志、报纸、手册等形式出现，对于 DM 广告的设计制作主要有以下几点要求。

1．了解产品，熟悉消费心理

设计师需要透彻地了解商品，熟知消费者的心理习惯和规律，知己知彼，方能百战不殆。

2．新颖的创意和精美的外观

DM 的设计形式没有固定的法则，设计师可以根据具体的情况灵活掌握，自由发挥，出奇制胜。爱美之心，人皆有之，因此 DM 广告设计要新颖有创意，印刷要精致美观，吸引更多的眼球。

3．独特的表现方式

设计制作 DM 广告时要充分考虑其折叠方式，尺寸大小，实际重量，便于邮寄。设计师可以在 DM 广告的折叠方法上玩一些小花样，例如借鉴中国传统折纸艺术，让人耳目一新，但切记要使接收邮寄者能够方便地拆阅。

4．良好的色彩与配图

在为 DM 广告配图时，多选择与所传递信息有强烈关联的图案，刺激记忆。设计制作 DM 广告时，设计者需要充分地考虑色彩的魅力，合理的运用色彩可以达到更好的宣传作用，给受众群体留下深刻印象。

此外，好的 DM 广告还需要纵深拓展，形成系列，以积累广告资源。在普通消费者眼里，DM 与街头散发的小广告没有多大的区别，印刷粗糙，内容低俗，是一种避之不及的广告垃圾。其实，要想打动并非铁石心肠的消费者，不在设计 DM 广告时下一番功夫是不行的。如果想使设计出的 DM 广告是精品，就必须借助一些有效的广告技巧来提高所设计的 DM 效果。这些技巧能使设计的 DM 看起来更美，更招人喜爱，成为企业与消费者建立良好互动关系的桥梁。图 5-62 所示为设计精美的 DM 广告。

 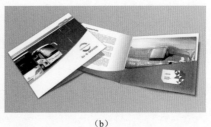

(a)   (b)

图 5-62　设计精美的 DM 广告

5.4　实战 2：制作房地产 DM 宣传页

面对激烈的竞争，商家都想尽一切办法来宣传自己的产品，DM 宣传页就是一种最常见的广告宣传形式。本案例将设计一款房地产 DM 宣传页，该 DM 宣传页将采用双面印刷，正面通过地产图片与素材的合成处理，表现出该商业地产的繁华，搭配主题文字综合介绍该商业地产项目。背面则通过图文相结合的方式来介绍该商业地产的相关优势，广告中的内容简洁、有条理。图 5-63 所示为本案例所设计的房地产 DM 宣传页的最终效果。

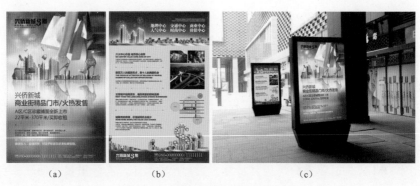

(a)   (b)   (c)

图 5-63　房地产 DM 宣传页最终效果

5.4.1　设计分析

1. 设计思维过程

图 5-64 所示为房地产 DM 宣传页的设计思维过程。

通过素材的像素叠加，设计出素材的镜面投影效果，从而表现出广告画面的氛围和空间感	在广告画面中添加光晕和各种星光图案来丰富画面的表现效果，使广告给人璀璨夺目的效果	在广告版面中输入相应的文字内容，注意字体大小和颜色的设置，完成 DM 宣传页正面的制作	根据 DM 宣传页正面的制作方法，可以完成 DM 宣传页背面的制作
(a)	(b)	(c)	(d)

图 5-64　房地产 DM 宣传页的设计思维过程

2. 设计关键字：镜面投影效果

镜面投影效果是平面广告设计中常用的一种表现手法,通过为主体图形添加镜面投影效果,可以有效增强广告画面立体空间感的表现,从而达到引人注目的视觉效果。在本案例所设计的房地产 DM 宣传页中,就是通过镜面投影的方式来使广告画面具有良好的表现效果。版面中其他文字内容的排版则需要注意整齐,标题与介绍内容需要能够充分体现出层级关系,整个广告画面给人感觉清晰、一目了然。

3. 色彩搭配秘籍：橙色、蓝色、洋红色

本案例所设计的房地产 DM 宣传页使用橙色与蓝色强对比的色彩图形作为广告画面的背景,强对比的色彩能够给人很强的视觉冲击力,表现出一种活跃、欢乐、激情的氛围,在画面中搭配黑色、浅黄色和洋红色的文字,使得文字内容具有一定的视觉层次,洋红色的文字最为突出,用于表现该广告版面的主题,整个 DM 宣传页的配色让人感觉大气、活跃,富有激情。其配色设置如图 5-65 所示。

RGB（204，102，51）

CMYK（25，71，85，0）

(a)

RGB（59，123，184）

CMYK（78，48，12，0）

(b)

RGB（205，31，116）

CMYK（25，95，28，0）

(c)

图 5-65　房地产 DM 宣传页的配色设置

●●● 5.4.2　制作步骤

视频

源文件: 源文件 \ 第 5 章 \ 房地产 DM 宣传页 .psd　　　视频: 视频 \ 第 5 章 \ 房地产 DM 宣传页 .mp4

Part 1：制作 DM 宣传页正面背景

01 打开 Photoshop，执行"文件"→"新建"命令，弹出"新建"对话框，设置如图 5-66 所示，单击"确定"按钮，新建文件。拖出参考线定位页面四边的出血区域，打开并拖入素材图像"源文件 \ 第 5 章 \ 素材 \5401.tif"，调整到合适的大小和位置，如图 5-67 所示。

图 5-66　设置"新建"对话框

图 5-67　拖入背景素材图像

提示 ▶▶▶ 此处创建的是一个常见尺寸大小的房地产 DM 宣传单页，其成品尺寸为 285mm× 420mm，在新建文件时为四边各预留 3mm 的出血，所以新建的文件尺寸为 291mm×426mm。

02 新建名称为"素材"的图层组，打开并拖入素材图像"源文件 \ 第 5 章 \ 素材 \ 5402.tif"，调整到合适的位置，如图 5-68 所示。使用相同的制作方法，拖入其他素材图像并分别调整到相应的位置，注意调整图层叠放顺序，效果如图 5-69 所示。

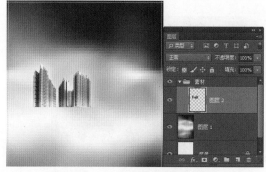

图 5-68　拖入素材图像并调整位置

图 5-69　拖入多个素材图像

03 复制"素材"图层组，得到"素材 拷贝"图层组，按快捷键 Ctrl+T，显示自由变换框，在自由变换框上右击，在弹出菜单中选择"垂直翻转"命令，将复制得到的图像垂直翻转，并向下移至合适的位置，如图 5-70 所示。为该图层组添加图层蒙版，在蒙版中填充黑白线性渐变，设置该图层组的"不透明度"为 40%，效果如图 5-71 所示。

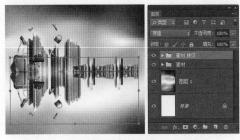

图 5-70　复制图层组垂直翻转并向下移动　　　　　　图 5-71　制作出镜面投影效果

提示 ▶▶ 完成对象的变换操作后，可以按键盘上的 Enter 键或单击选项栏上的"提交变换"按钮，即可应用对当前对象的变换操作。

04 打开并拖入素材图像"源文件 \ 第 5 章 \ 素材 \5413.tif"，调整到合适的位置，将该图层移至"素材"图层组下方，效果如图 5-72 所示。复制该图层，将复制得到的图像垂直翻转并向下移至合适位置，添加图层蒙版，在蒙版中填充黑白线性渐变，如图 5-73 所示。

图 5-72　拖入人物素材图像　　　　　　　　　图 5-73　制作素材的镜面投影效果

05 执行"图像"→"模式"→"RGB 颜色"命令，弹出提示对话框，单击"不拼合"按钮，如图 5-74 所示。将文件的颜色模式转换为 RGB 颜色模式，在所有图层上方新建图层，为画布填充黑色，如图 5-75 所示。

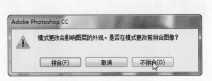
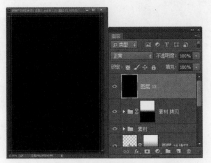

图 5-74　提示对话框　　　　　　　　　　　图 5-75　新建图层填充黑色

06 执行"滤镜"→"渲染"→"镜头光晕"命令，弹出"镜头光晕"对话框，设置如图 5-76 所示。单击"确定"按钮，应用"镜头光晕"滤镜，设置该图层的"混合模式"为"滤色"，将光晕图像调整到合适的位置，效果如图 5-77 所示。

图 5-70 设置"镜头光晕"对话框

图 5-77 应用"镜头光晕"滤镜效果

提示 ▶▶▶ 在"镜头光晕"对话框中单击或拖动图像缩览图上的十字手柄，可以指定光晕的中心位置；"亮度"选项用于设置光晕的强度，变化范围为 10% ～ 300%；"镜头类型"选项用于选择产生光晕的镜头种类。

07 执行"图像"→"模式"→"CMYK 颜色"命令，弹出提示对话框，单击"不拼合"按钮，将文件的颜色模式转换为 CMYK 颜色模式，如图 5-78 所示。打开并拖入素材图像"源文件 \ 第 5 章 \ 素材 \5414.tif"，调整到合适的大小和位置并进行旋转操作，如图 5-79 所示。

图 5-78 转换为 CMYK 颜色模式

图 5-79 拖入素材图像并进行旋转

08 设置该图层的"混合模式"为"滤色"，添加图层蒙版，使用"画笔工具"，设置"前景色"为黑色，在蒙版中进行涂抹处理，如图 5-80 所示。新建图层，使用"画笔工具"，设置"前景色"为白色，使用不同的笔触，在画布中绘制星光效果，如图 5-81 所示。

图 5-80 添加图层蒙版进行处理

图 5-81 绘制星光效果

Part 2：制作 DM 宣传页主体内容

01 使用"横排文字工具"，在"字符"面板中进行设置，在画布中单击输入文字，如图 5-82 所示。选中"3"，在"字符"面板中进行设置，效果如图 5-83 所示。

图 5-82 输入文字

图 5-83 设置文字属性

提示 ▶▶ "字符"面板中的"基线偏移"选项用于设置字符基线的偏移量，可以使字符根据设置的参数上下移动位置，正值使文字向上移动，负值使文字向下移动。

02 使用相同的制作方法，在画布中输入其他文字，如图 5-84 所示。使用"横排文字工具"，在"字符"面板中进行设置，在画布中单击输入文字，如图 5-85 所示。

图 5-84 在画布中输入其他文字

图 5-85 输入文字并设置文字属性

03 使用相同的制作方法，在画布中输入其他文字内容，效果如图 5-86 所示。新建图层，使用"画笔工具"，设置"前景色"为 CMYK（0，0，0，90），在选项栏中的"画笔预设"选取器中载入方头画笔，如图 5-87 所示。

图 5-86 在画布中输入其他文字内容

图 5-87 载入方头画笔

04 打开"画笔"面板，对相关选项进行设置，在画布中按住 Shift 键拖动鼠标绘制一条水平虚线，如图 5-88 所示。使用"矩形工具"，设置"填充"为 CMYK（17，96，21，0），在画布中绘制矩形，如图 5-89 所示。

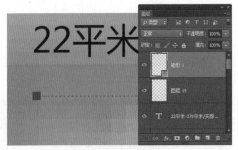

图 5-88　绘制虚线　　　　　　　　　　　　图 5-89　绘制矩形

　　提示 ▶▶▶ "画笔"面板中的"大小"选项用于设置所选择画笔笔触的直径大小；"圆度"选项用于设置画笔的圆度，从而使画笔长轴与矩轴之间的比例发生变化，取值范围为 0 ～ 100%；"间距"选项用于设置画笔笔触之间的距离，如果不选中该选项，使用画笔在画布中涂抹时笔触间距会随机发生变化，如果选中该选项后，设置值越高，笔触之间的间隔距离越大，取值范围为 1% ～ 100% 的整数。

　　05 将刚绘制的矩形复制 3 次，分别调整到不同的位置和填充颜色，效果如图 5-90 所示。使用相同的制作方法，可以完成该 DM 宣传页正面其他内容的制作，如图 5-91 所示。

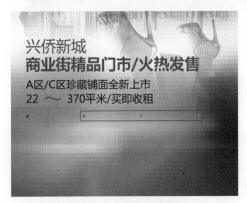

图 5-90　复制矩形并调整　　　　　　　　图 5-91　完成 DM 宣传页正面制作

Part 3：制作 DM 宣传页背面

　　01 执行"文件"→"新建"命令，弹出"新建"对话框，设置如图 5-92 所示，单击"确定"按钮，新建文件。设置"前景色"为 CMYK（10，13，22，0），按快捷键 Alt+Delete，为画布填充前景色，拖出参考线定位页面四边的出血区域，效果如图 5-93 所示。

　　02 使用"矩形工具"，在画布中绘制一个任意填充颜色的矩形，如图 5-94 所示。打开并拖入素材图像"源文件 \ 第 5 章 \ 素材 \5415.tif"，调整到合适的大小和位置，并将该图层创建剪贴蒙版，效果如图 5-95 所示。

图 5-92 设置 "新建" 对话框

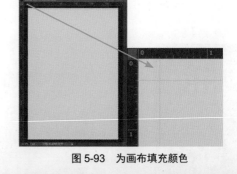

图 5-93 为画布填充颜色

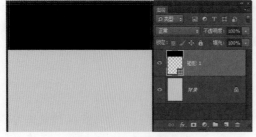

图 5-94 绘制黑色矩形

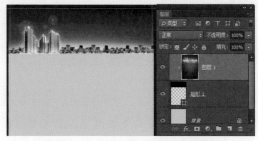

图 5-95 拖入素材图像并创建剪贴蒙版

03 使用 "矩形工具"，在画布中绘制一个任意填充颜色的矩形，如图 5-96 所示。打开并拖入素材图像 "源文件 \ 第 5 章 \ 素材 \5416.tif"，调整到合适的位置，并将该图层创建剪贴蒙版，效果如图 5-97 所示。

图 5-96 绘制任意颜色矩形

图 5-97 拖入素材图像、调整位置并创建剪贴蒙版

04 使用 "横排文字工具"，在画布中单击并输入相应的文字，如图 5-98 所示。使用相同的制作方法，可以完成该 DM 宣传页背面内容的制作，效果如图 5-99 所示。

图 5-98 输入文字

图 5-99 完成 DM 宣传页背面内容的制作

05 完成该房地产 DM 宣传页的设计制作。

●●● 5.4.3　知识扩展——DM 广告的形式

DM 广告的主题主要有新产品的介绍、超市所推销的商品介绍、招待展示会、发表会的宣传、开业或新装修后的纪念性销售、利用每个月的特色进行宣传、廉价打折的宣传和节庆的销售宣传等，如图 5-100 所示。

　(a)　　　　　　　(b)　　　　　　　(c)　　　　　　　(d)

图 5-100　常见的 DM 广告主题内容

> **提示** ▶▶ 根据 DM 广告的不同主题，可以选择小册子（最便宜、利用度最高）、销售信函（容易使顾客有亲切感）以及商品目录等形式。

DM 广告的形式多种多样，派发形式也是多种多样，主要的派发方式有如下几种。

（1）邮寄：按会员地址邮寄给过去 1 个月内有消费记录的会员。

（2）夹报：夹在当地畅销的报纸中进行投递。

（3）店内派发：商品上档前两日，由公司客服部组织员工在店内或商场内派发。

（4）街头派发：组织人员在车站、广场、市场等人群密集区域进行散发。

（5）上门投递：组织员工将 DM 投送到生活条件较好的社区居民家中。

5.5　了解户外广告设计

户外媒体广告是继广播、电视、报纸和杂志之后的第五大媒体。传统的户外广告主要有路牌广告、楼体广告等。近几年来，新型户外广告形式不断涌现，如汽车车身广告、公路沿线广告、城市道路灯杆挂旗广告和电子屏幕广告等。这些广告形式的出现，不但丰富了户外广告形式，而且也使户外广告的形式、内容不断壮大。

●●● 5.5.1　常见户外广告形式

户外广告的材料、制作工艺日新月异，户外广告种类很多，不同类型的户外广告，其制作方法也有所差异。接下来简单介绍几种常见的户外广告形式。

1. 路牌广告

路牌广告包括从中型到超大型的广告牌、柱式广告和墙体广告等。目前在制作上主要有手工绘制、计算机喷绘、手工与计算机喷绘相结合、印刷品拼贴等几种形式。图 5-101 所示为户外喷绘路牌广告。

图 5-101　户外喷绘路牌广告

2．印刷品拼贴和计算机喷绘的路牌广告

这种路牌广告的质量除了设计者的水平以外，主要取决于印刷设备的先进状况和印刷纸张等。其优点是画面精致、能逼真地反映物体的真实面貌，其效果是任何手工与计算机喷绘难以达到的。图 5-102 所示为印刷品拼贴户外广告。

图 5-102　印刷品拼贴户外广告

3．布幅广告

使用喷绘、拓印、丝网印刷或缝制的方法将图形或文字绘制于确定好的布幅。布幅一般采用结实、富有弹力的布料，再使用绳系于气球、建筑物或公共设施上。

4．车体广告

车体广告包括在出租车顶的广告牌、公交车上的写真喷绘广告等。这一类型的户外广告可以采用写真喷绘和悬挂广告牌两种形式，在设计时需要注意车窗和设备窗口的开启特点，注意使二者有效地结合。在设计制作时应该以品牌识别形态为主要视觉元素，广告的其他文案内容应尽量舍弃。图 5-103 所示为车体广告。

5．公交站台灯箱广告

首先要考虑的是公交站台整体的立体形态，再考虑灯箱的尺寸、形状和位置。灯箱的制作方法可以使用透明胶片、计算机刻绘的即时贴和有色纤维板等材料粘贴于毛玻璃、纤维板或有机塑料板上，并用日光灯或白色霓虹灯以及专用射灯为光源。其效果质量由灯箱的大小和要求的能见度决定。图 5-104 所示为公交站台灯箱广告。

图 5-103　车体广告

图 5-104　公交站台灯箱广告

5.5.2　户外广告的特点

户外广告已经成为真正的大众媒体，户外广告的性价比突出。需要注意的是，一定要选择较好的地段，并且着眼该区域在多个关键地段设立广告牌，并配合其他媒体，才能达到更好的宣传效果。户外广告与其他媒体广告相比较具有如下优势。

1. 长期性和反复性

户外广告设置于较固定的场所进行信息的持续传播，有反复诉求的特点，起着重复提示和诱导的作用。长时间张贴（一般为一个月至一年）可以保证广告效果持续存在，从而加深受众对产品的印象。

2. 时效性强

可以与电视广告配合使用，使广大受众通过户外广告画面回想起电视广告的卖点，从而加深受众对某产品广告的整体印象，最终提高广告活动的整体传播效果。

3. 地域性强

户外广告有较强的地域性，某些产品在销售过程中要针对特定地区加以宣传，从而通过户外广告宣传，对这一指定地区的消费者进行强化性购买提示。例如，房地产类的楼盘促销广告，习惯选择特定区域重点宣传。

4. 形式自由

户外广告在广告内容、形式、规模、地点和档次方面有一定的灵活性。大多数户外广告展示的空间面积比其他媒体大得多。另外，户外广告的种类繁多、形式多样，在传播的形式上也比其他媒体丰富许多。图 5-105 所示为表现形式多样的户外广告。

（a）　　　　　　　　　　　　　　　　（b）

图 5-105　表现形式多样的户外广告

5．覆盖面积广

由于个别运动型户外广告的特性，可以在大城市里进行流动宣传，广告的到达率较高，可以迅速提高产品的认知度，节省大笔媒体费用，在一定程度上甚至接近报纸这种大众媒体的广告效果。

6．习惯性和强制性

由于城市公交和地铁广告的逐渐发展，根据每天利用交通工具的乘客数量，确保广告出现的次数，加深印象，特别是车厢内广告尤其显著，即使对广告不感兴趣的对象也会产生广告效果。图 5-106 所示为精美的户外广告设计。

（a）　　　　　　　　　　　　　　　　　　（b）

图 5-106　精美的户外广告设计

●●● 5.5.3　户外广告的设计要点

户外广告的设计定位是对广告所要宣传的产品、消费对象、企业文化理念做出科学的前期分析，是对消费者的消费需求、消费心理等诸多领域进行探究，是市场营销战略的一部分；广告设计定位也是对产品属性定位的结果，没有准确的定位，就无法形成完备的广告运作整体框架。

在设计方面，一方面，可以讲究质朴、明快、易于辨认和记忆，注重解释功能和诱导功能的发挥；另一方面，能够体现创意性，将奇思妙想注入户外广告当中，如图 5-107 所示。

户外广告的设计可以增加一定的诱导性与互动性，可以用制作悬念的方式诱导消费者的注意力；也可以在户外广告中开设有趣味的互动功能。这样一来，广告的目的达到了，企业也省去了一大笔市场调查费用，可谓一举两得，如图 5-108 所示。

图 5-107　富有创意的户外广告设计　　　图 5-108　富有趣味性的户外广告设计

在文字设计方面讲究简短、诱人。内容集中在品牌名、产品名、企业名或标准统一的广告用语上，字体选择应该尽量单一化，不可以选择过多的字体，注意应用企业的标准字体。

在色彩明度、纯度和色相等方面注意各因素彼此间的对比统一关系，注意运用企业和产品的标准色系或形象色彩。

5.6 实战 3：制作楼盘户外广告

户外广告具有其自身的特点，要求具有良好的远视效果，这就要求户外广告的主题需要突出，文字内容不能过多，必须让受众一眼扫过就能够理解该广告的含义和内容。本案例设计一款楼盘户外广告，提供了两款设计方案，使用相同的素材元素构成，画面中的主题内容突出，清晰、易读。图 5-109 所示为本案例所设计的楼盘户外广告的最终效果。

图 5-109　楼盘户外广告的最终效果

5.6.1 设计分析

1. 设计思维过程

图 5-110 所示为楼盘户外广告的设计思维过程。

通过楼盘素材图像与广告产品文字相结合，使受众从广告背景一眼就明白该广告的内容范围

（a）

在画面中心位置输入广告主题文字，并为该文字添加"渐变叠加"和"投影"图层样式，突出主题文字在广告画面中的表现效果

（b）

输入相关的文字信息内容，英文内容作为辅助，体现楼盘的高端品质，重点突出广告主题和电话号码

（c）

在广告画面中添加辅助图形元素，使广告画面的表现更加突出、优美

（d）

图 5-110　楼盘户外广告的设计思维过程

2. 设计关键字：图层蒙版和图层样式

在本案例所设计的楼盘户外广告中，通过使用图层蒙版将楼盘的相关素材很好地结合在一

起，并且能够与广告画面的背景相融合，图层蒙版是图像合成处理中常用的操作方法。通过为图形或文字添加图层样式，可以轻松地创建出对象的立体感，突出对象的表现效果。在本案例中通过为主题文字添加相应的图样式，突出主题文字的表现，使整个户外广告的表现效果简洁、大方，重点突出。

3. 色彩搭配秘籍：棕色、浅黄色、深黄色

本案例所设计的楼盘户外广告使用棕色作为画面的背景主色调，给人一种坚实、浓郁、温馨的氛围，在棕色的背景上搭配黄色的文字，其中主题文字采用从浅黄色到深黄色的渐变，表现出奢华、高贵的印象，其配色设置如图 5-111 所示。

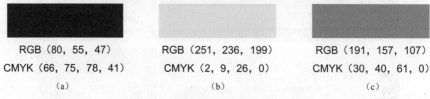

RGB（80, 55, 47）　　　　　RGB（251, 236, 199）　　　　　RGB（191, 157, 107）
CMYK（66, 75, 78, 41）　　　CMYK（2, 9, 26, 0）　　　　　CMYK（30, 40, 61, 0）
　　　（a）　　　　　　　　　　　　（b）　　　　　　　　　　　　（c）

图 5-111　楼盘户外广告设计的配色设置

●●● 5.6.2　制作步骤

源文件：源文件 \ 第 5 章 \ 楼盘户外广告 .psd　　　视频：视频 \ 第 5 章 \ 楼盘户外广告 .mp4

视频

Part 1：制作楼盘户外广告方案 1

`01` 打开 Photoshop，执行"文件"→"新建"命令，弹出"新建"对话框，设置如图 5-112 所示，单击"确定"按钮，新建文件。打开并拖入素材图像"源文件 \ 第 5 章 \ 素材 \5601.tif"，调整到合适的大小和位置，效果如图 5-113 所示。

图 5-112　设置"新建"对话框

图 5-113　拖入背景纹理素材

提示 ▶▶ 大型的户外广告牌因为其尺寸比较大，通常都是采用喷绘的方式。喷绘机使用的介质一般都是广告布，包括外光灯布和内光灯布，前者用于普通画面，后者用于灯箱。墨水使用油性墨水，喷绘公司为了保证画面的持久性，一般画面色彩比显示器上的颜色深一点。它实际输出的图像分辨率一般只需要 30 ～ 45dpi。

提示 ▶▶ 此处我们新建的文件依然采用分辨率为 300dpi 的方式进行制作，最终在进行喷绘输出时，喷绘公司会根据情况将文件的分辨率降低到 30 ～ 45dpi，这样设计稿的尺寸就会非常大，能够适用于户外广告牌。另外，采用喷绘方式输出的户外广告在设计时不需要预留出血。

02 打开并拖入楼盘 Logo 素材图像"源文件 \ 第 5 章 \ 素材 \5602.tif"，调整到合适的大小和位置，如图 5-114 所示。使用相同的制作方法，拖入其他素材图像，并分别调整到合适的大小和位置，效果如图 5-115 所示。

图 5-114　拖入 Logo 素材图像　　　　　　　　图 5-115　拖入其他素材图像

03 使用"横排文字工具"，在"字符"面板中对相关属性进行设置，在画布中单击输入文字 1，如图 5-116 所示。为该文字图层添加"渐变叠加"图层样式，对相关选项进行设置，如图 5-117 所示。

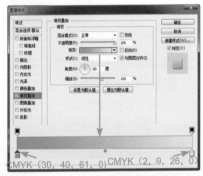

图 5-116　输入文字 1　　　　　　　　　图 5-117　设置"渐变叠加"图层样式

04 添加"投影"图层样式，对相关选项进行设置，如图 5-118 所示。单击"确定"按钮，完成"图层样式"对话框的设置，效果如图 5-119 所示。

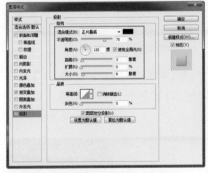

图 5-118　设置"投影"图层样式　　　　　　图 5-119　应用图层样式效果

05 使用"横排文字工具"，在"字符"面板中对相关属性进行设置，在画布中单击输入文字 2，如图 5-120 所示。使用相同的制作方法，在画布中输入其他文字，并为相应的文字添加"渐变叠加"图层样式，效果如图 5-121 所示。

06 使用相同的制作方法，拖入其他辅助素材图像，完成该户外广告的设计制作，效果如图 5-122 所示。

图 5-120　输入文字 2

图 5-121　输入其他文字并应用图层样式

图 5-122　完成户外广告设计

Part 2：制作楼盘户外广告方案 2

01 执行"文件"→"新建"命令，弹出"新建"对话框，设置如图 5-123 所示，单击"确定"按钮，新建文件。设置"前景色"为 CMYK（2，7，23，0），按快捷键 Alt+Delete，为画布填充前景色，效果如图 5-124 所示。

图 5-123　设置"新建"对话框

图 5-124　为画布填充前景色

02 新建"图层 1"，使用"画笔工具"，设置"前景色"为 CMYK（11，34，61，0），在选项栏中对相关选项进行设置，在画布中进行涂抹，效果如图 5-125 所示。打开并拖入素材图像"源文件 \ 第 5 章 \ 素材 \5607.tif"，效果如图 5-126 所示。

图 5-125　使用画笔工具涂抹

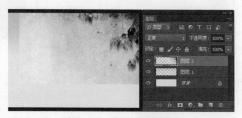
图 5-126　拖入素材图像

03 设置"图层 2"的"混合模式"为"正片叠底"，为该图层添加图层蒙版，使用"画笔工具"，设置"前景色"为黑色，在蒙版中进行涂抹处理，效果如图 5-127 所示。使用"横排文字工具"，在画布中输入相应的文字，如图 5-128 所示。

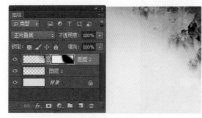

图 5-127　添加图层蒙版处理

图 5-128　输入相应的文字

提示 ▶▶ 设置图层的"混合模式"为"正片叠底"，则当前图层与下方图层白色混合区域保持不变，其余的颜色则直接添加到下面的图像中，混合结果通常会使图像变暗。

04 为该文字图层添加图层蒙版，使用"画笔工具"，设置"前景色"为黑色，在蒙版中进行涂抹处理，效果如图 5-129 所示。使用相同的制作方法，拖入相应的素材图像分别进行处理，效果如图 5-130 所示。

图 5-129　为文字添加图层蒙版处理

图 5-130　相应的拖入素材图像进行处理

提示 ▶▶ 在对图层蒙版进行操作时需要注意，必须单击图层蒙版缩览图，选中需要操作的图层蒙版，才能针对图层蒙版进行操作。在图层蒙版上只可以使用黑色、白色和灰色 3 种颜色进行涂抹，黑色为遮住、白色为显示，灰色为半透明。

05 打开并拖入 Logo 素材图像"源文件 \ 第 5 章 \ 素材 \5602.tif"，调整到合适的大小和位置，效果如图 5-131 所示。为该图层添加"颜色叠加"图层样式，对相关选项进行设置，效果如图 5-132 所示。

图 5-131　拖入源文件 Logo 素材图像

图 5-132　设置"颜色叠加"图层样式

06 单击"确定"按钮，完成"图层样式"对话框的设置，效果如图 5-133 所示。使用"横排文字工具"，在画布中输入相应的文字，效果如图 5-134 所示。

图 5-133 应用"颜色叠加"图层样式

图 5-134 输入相应的文字

07 使用相同的制作方法，拖入其他辅助素材图像，完成该户外广告的设计制作。

5.6.3 知识扩展——户外广告的不足

户外广告虽然拥有较多的优势，但是其本身受到环境等因素的影响，也存在很多不足之处，主要表现在以下几个方面。

1. 针对性弱

户外广告的诉求对象是户外活动的大众，他们具有复杂性和流动性的特点。人们在接触广告作品时都是无心的、随意的，信息接收时间也很短暂，因此针对性较弱。

2. 广告信息泛滥

现在城市中到处都是户外广告，过于密集的户外广告也使受众在视觉与记忆上形成了厌烦心理。有些广告作品很可能被淹没在户外广告的海洋中，根本不被受众发现。另外，户外广告开发过度，使得户外广告泛滥成灾，不但会影响市容，还会引发信息污染等后果。

3. 使用寿命不长

户外广告由于是在户外发布，极易因为时间的推移而受到自然现象的损坏。例如，在一段时间的日晒雨淋过后有些户外广告脱色情况较为严重，有些照明设施也会有所损坏，因此，在广告发布的有效期内，要对户外广告进行定期的维护与管理。

5.7 宣传广告设计欣赏

完成本章内容的学习，希望读者能够掌握不同类型宣传广告的设计制作方法。本节将提供一些精美的宣传广告设计模板供读者欣赏，如图 5-135 所示。读者可以动手练习，检验一下自己是否也能够设计制作出这样的宣传广告。

图 5-135　宣传广告设计欣赏

5.8　本章小结

本章介绍了宣传广告设计的相关知识，并且还介绍了宣传广告中的两个细分类型：DM广告和户外广告。通过不同类型宣传广告的设计制作，讲解了宣传广告设计的方法和技巧，拓展读者在广告设计方面的思路，使读者能够设计出更好的广告作品。

第6章 海报设计

海报是一种十分常见的广告形式，具有很高的吸引力，每一张海报本身就是一件高级的艺术品。海报是一种信息传递艺术，是一种大众化的宣传工具。海报设计总的要求是使人一目了然，必须有相当的号召力与艺术感染力，要调动形象、色彩、构图、形式等因素形成强烈的视觉效果；海报的画面应有较强的视觉中心，应力求新颖、单纯，还必须具有独特的艺术风格和设计特点。本章将介绍海报设计的相关知识，并通过海报实例的设计制作，拓展读者在海报设计方面的思路，使读者能够设计出更好的海报作品。

6.1 了解海报设计

海报（Poster）也叫招贴，是在公共场所以张贴或散发形式的一种印刷品广告。海报具有发布时间短、时效强、印刷精美、视觉冲击力强、成本低廉、对发布环境要求较低等特点。其内容必须真实准确，语言要生动并有吸引力，篇幅必须短小。可以根据内容需要搭配适当的图案或图画，以增强宣传感染力。海报艺术是一种美学艺术表现形式，其表现形式多样化。

●●● 6.1.1 海报设计分类

海报是一种张贴于实验室外、公共场所如剧院、商业区、车站、公园、码头等处的广告，根据其宣传目的及性质，可以分为公共海报和商业海报两大类型，公共海报又包括公益海报、文化活动海报和影视艺术海报。

1. 公益海报

公益海报是不以盈利为目的，属社会公共事业。公益海报的主要宣传内容是公众所关注的社会、道德、政策等问题，例如，环保、禁烟、防火、关爱老人、希望工程、交通安全、打击盗版等。图6-1所示为设计精美的公益海报。

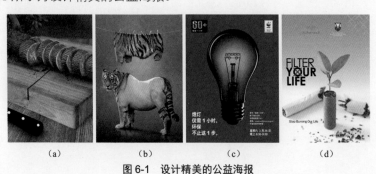

(a)　　　　　　(b)　　　　　　(c)　　　　　　(d)

图6-1　设计精美的公益海报

2．文化活动海报

文化活动海报是以文化娱乐活动为宣传主题，如音乐会、运动会、戏剧、展览会等，其宣传对象为有具体的时间、地点、主办单位的文化或商业活动，其宣传目的为扩大活动的影响力，吸引更多的参与者，要求信息的传达准确完整，因此文字的比例要大于其他类型的海报。图6-2所示为设计精美的文化活动海报。

(a)   (b)   (c)   (d)

图6-2 设计精美的文化活动海报

3．影视艺术海报

艺术海报是指无功利性，只为美化环境、赏心悦目而设计的海报，通常综合绘画、摄影、图形、色彩、材料、机理等各种艺术手段进行表现。

影视宣传海报的宣传对象为电影、电视剧等，海报的发布时间在影视作品发布前或发布过程中，宣传目的是为了扩大影视作品的影响力。此类海报往往与剧情相结合，海报内容通常为影视作品的主要角色或重要情节，海报色彩的运用也与影视作品的感情基调有直接联系。图6-3所示为设计精美的影视艺术海报。

(a)   (b)   (c)   (d)

图6-3 设计精美的影视艺术海报

4．商业海报

商业海报是用来传达商业信息，以商品或企业为主题内容的促销宣传广告。许多世界知名品牌都会定期推出大量的商业海报，从而促进消费。这类海报是最常见的海报形式，如图6-4所示为设计精美的商业海报。

提示 ▶▶ 商品宣传海报在设计上要求客观准确，通常采取写实的表现手法，并突出商品的显著特征，以激发消费者的购买欲望。

(a)   (b)   (c)   (d)

图 6-4　设计精美的商业海报

●●● 6.1.2　海报的主要功能

海报是一种大众化的宣传工具，画面应具有较强的视觉中心。海报的表现形式多种多样，题材广阔，限制较少，所以海报的外观构图应该让人赏心悦目，能在视觉上给人美好的印象。

海报的功能主要表现在以下 4 个方面。

1. 刺激并引导消费

消费者的需求是处于潜在的状态，需要商品海报合理地刺激和引导。有的时候，消费者在出门购物以前，往往心里有数，但是在最后决定购买何种品牌和购买多少的时候，很大程度上是受到广告的影响。

2. 信息传播

信息传播是海报最基本也是最重要的功能。信息的内容主要有商品的性能、规格、质量、质地、配方、工艺技术、使用方法、维护和注意事项等。信息的另一层含义是对商品或服务变化情况的告知，例如产品的改良、产品名称的改变、价格的变动、促销活动的具体细节等。海报中传递的信息要准确、真实、有效，它是促使人们参与社会活动和商业活动的基础。

3. 装饰美化

海报是一种以说服方式感动消费者的广告形式，它不能也不应该用枯燥的、强制性的说教与消费者打交道，而应该使消费者在轻松愉快的氛围中接受广告传递的信息。因此，海报的装饰与美化功能要在 3 个方面加以关注。首先，海报的视觉形式要生动活泼，注意图文并茂；其次，海报主题要言简意赅，易于记忆和留下深刻印象；最后，要注意与消费者交流的姿态，不可以使消费者有被动和被强行灌输的感觉，从而产生反感情绪。

4. 竞争需求

市场经济的一个重要表现就是优胜劣汰的竞争，其内涵一方面表现在企业与企业产品质量之间的竞争；另一方面就是广告的竞争，看谁能够吸引消费者的眼球，博得消费者的喜爱，以便树立企业的品牌形象，提高企业的品牌认识，从而获得期望的市场份额。

●●● 6.1.3　海报设计的特点

创意是海报的生命和灵魂，海报设计的核心所在是它能使海报的主题突出并具有深刻的内涵。现代海报最主要的特征之一，就是在瞬间吸引受众眼球并引起受众心理上的共鸣，将信息迅速准确地传达给受众，这也是海报作品获得成功的最关键因素。图 6-5 所示为富有创意的商业海报设计。

（a）　　　　　　　　　　　　　　（b）

图 6-5　富有创意的商业海报设计

想要设计出优秀的海报，就需要注意使其具备以下几个特点。

1. 尺寸大

海报通常是张贴在公共场所的，必须以大画面及突出的形象和色彩展现在公众面前，从而避免受到周围环境和各种其他因素的干扰。

海报的常用尺寸主要有 130mm×180mm、190mm×250mm、300mm×420mm、420mm×570mm、500mm×700mm、600mm×900mm、700mm×1000mm，如图 6-6 所示。但是海报的尺寸不能一概而论，也要考虑外界的因素，例如，现场空间的大小、客户的需求等。

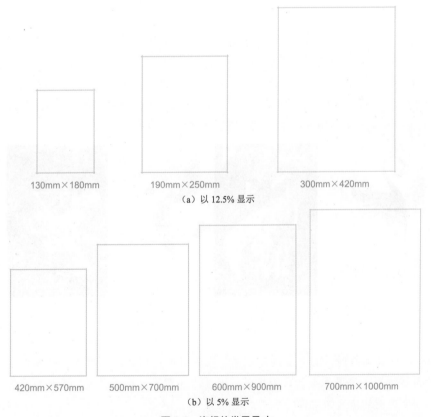

图 6-6　海报的常用尺寸

提示 ▶▶▶ 海报最常用的尺寸是 380mm×420mm、420mm×570mm、500mm×700mm。由于海报多数是用制版印刷的方式制成的，供在公共场所和商店内外张贴，在设计时应该注意尽量使分辨率达到 300dpi，从而保证印刷的质量。

2．远视强

海报可以说具有广告的典型特征，因此要充分体现定位设计的原理。可以通过突出的商标、标志、标题、图形或对比强烈的色彩、大面积的空白以及简练的视觉流程使海报成为视觉焦点，这样可以使来去匆忙的人们留下视觉印象。图 6-7 所示为远视感强烈的商业海报。

图 6-7　远视感强烈的商业海报

3．艺术性高

从海报的整体看，可以分为商业海报和非商业海报两大类。

商业海报多以具有艺术表现力的摄影、造型写实的绘画或漫画为主的形式表现，给受众留下真实感人的画面和富有幽默情趣的感受。

而非商业海报内容广泛、形式多样、艺术表现力丰富，尤其是文化艺术类海报。设计师根据海报主题充分发挥想象力，尽情施展艺术手段，在设计中加入自己的绘画语言，设计出风格各异、形式多样的海报。图 6-8 所示为具有很强艺术感的海报设计。

图 6-8　具有很强艺术感的海报设计

提示 ▶▶▶ 设计海报时，首先要确定主题，再进行构图设计。海报的设计不仅要注意文字和图片的灵活运用，更要注重色彩的搭配，海报的构图不仅要吸引人，而且还要传达更多的信息，从而促进消费，达到宣传的目的。

6.2　实战 1：红酒宣传海报

在产品宣传海报的设计过程中，首先需要突出表现产品，其次要根据产品的类型选择合适的表现方式和配色。本案例设计制作一个红酒宣传海报，使用黑色作为海报的主色调，在海报中富有创意地将红酒产品图片与花瓣素材相结合，使整个海报画面表现出一种高贵、浪漫的感觉。图 6-9 所示为本案例所设计的红酒宣传海报的最终效果。

（a）　　　　　　　　　　　（b）

图 6-9　红酒宣传海报的最终效果

6.2.1　设计分析

1. 设计思维过程

图 6-10 所示为红酒宣传海报的设计思维过程。

运用"光照效果"滤镜与纹理素材图像相结合，处理出海报的背景

（a）

拖入产品素材图像，将产品素材与各种不同的花瓣素材相结合，表现出一种浪漫的氛围

（b）

在海报下方采用居中对齐的方式对文字内容进行排版，并对部分文字应用"渐变叠加"图层样式

（c）

在海报的文字部分添加一些素材图像，并绘制图标，增强文字部分的表现效果

（d）

图 6-10　红酒宣传海报的设计思维过程

2. 设计关键字：素材图像的合成处理

在本案例设计的红酒宣传海报中使用"光照效果"滤镜与纹理素材图像相结合，将海报背景处理成富有质感的聚焦效果，使受众很容易将目光聚焦在海报的中心。在中心部分通过将满版的产品图片与花瓣素材进行合成处理，在合成处理过程中注意对各种不同形状的花瓣素材的大小和位置进行调整，使得产品具有非常醒目的表现效果，从而突出海报的主题。

3. 色彩搭配秘籍：黑色、白色、红色

本案例设计的红酒宣传海报使用黑色作为整体主色调，给人一种神秘、高贵的感觉，在背

景部分通过黑色的明暗变化突出表现产品图片，并且使整个画面具有一定的层次感。红色的花瓣素材在画面中的表现十分抢眼，将其与产品相结合，有效突出产品的表现效果，给人一种浪漫、热情的印象，其配色设置如图 6-11 所示。

RGB（0，0，0）
CMYK（0，0，0，100）
（a）

RGB（212，22，26）
CMYK（13，99，100，0）
（b）

RGB（161，101，36）
CMYK（43，66，100，4）
（c）

图 6-11　红酒宣传海报的配色设置

视频

6.2.2　制作步骤

源文件：源文件 \ 第 6 章 \ 红酒宣传海报 .psd　　视频：视频 \ 第 6 章 \ 红酒宣传海报 .mp4

Part 1：制作海报背景

01 打开 Photoshop，执行"文件"→"新建"命令，弹出"新建"对话框，设置如图 6-12 所示，单击"确定"按钮，新建文件。按快捷键 Ctrl+R，显示文件标尺，从标尺中拖出参考线定位四边的出血区域，如图 6-13 所示。

图 6-12　设置"新建"对话框

图 6-13　拖出参考线定位出血区域

02 设置"前景色"为黑色，按快捷键 Alt+Delete，为画布填充前景色，执行"图像"→"模式"→"RGB 模式"命令，转换为 RGB 模式。复制"背景"图层得到"背景 拷贝"图层，如图 6-14 所示。执行"滤镜"→"渲染"→"光照效果"命令，进入"光照效果"模式，对相关选项进行设置，如图 6-15 所示。

图 6-14　转换为 RGB 模式

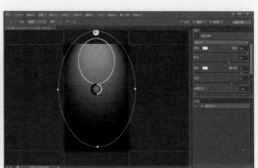

图 6-15　设置"光照效果"滤镜

提示 ▶▶ "光照效果"滤镜主要是通过光源、光色选择、聚集和定义物体反射特性等在图像上产生光照效果，在该滤镜的"属性"面板中包含了 17 种预设的灯光样式，用户可以根据需要选择相应的预设灯光效果。

在"光照效果"滤镜的"属性"面板中提供了 3 种光源，分别是点光、聚光灯和无限光，任意选择一种光源，即可在面板中调整其相关的属性。

03 单击"确定"按钮，应用"光照效果"滤镜，效果如图 6-16 所示。执行"图像"→"模式"→"CMYK 模式"命令，将文件颜色模式转换为 CMYK 模式，在弹出的提示框中单击"不拼合"按钮，如图 6-17 所示。

图 6-16　应用"光照效果"滤镜

图 6-17　提示对话框

提示 ▶▶ 因为在 CMYK 模式中无法使用"光照效果"滤镜，所以此处需要将文件的颜色模式转换为 RGB 模式，完成"光照效果"滤镜的应用后再转换回 CMYK 模式，在颜色模式的转换过程中注意不要拼合图层。

04 为"背景 拷贝"图层添加图层蒙版，使用"渐变工具"，在蒙版中填充黑白线性渐变，设置该图层的"不透明度"为 85%，效果如图 6-18 所示。打开并拖入素材图像"源文件\第 6 章\素材\6201.tif"，调整到合适的大小和位置，设置该图层的"混合模式"为"正片叠底"，效果如图 6-19 所示。

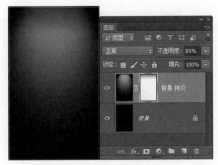

图 6-18　添加图层蒙版处理

图 6-19　拖入素材并设置混合模式

05 为"图层 1"添加图层蒙版，使用"渐变工具"，在蒙版中填充黑白线性渐变，效果如图 6-20 所示。新建"图层 2"，使用"渐变工具"，在画布中填充白色到白色透明的径向渐变，如图 6-21 所示。

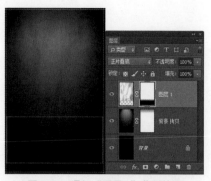

图 6-20 添加"图层 1"蒙版处理

图 6-21 填充径向渐变

Part 2：制作产品主体图形

01 打开并拖入产品图像"源文件\第 6 章\素材\6202.tif"，调整到合适的大小和位置，并进行适当的旋转操作，如图 6-22 所示。为"图层 3"添加图层蒙版，使用"画笔工具"，设置"前景色"为黑色，在蒙版中进行涂抹，效果如图 6-23 所示。

图 6-22 拖入产品图像

图 6-23 添加"图层 3"蒙版处理

02 新建名称为"花瓣"的图层组，打开并拖入素材图像"源文件\第 6 章\素材\6203.tif"至"源文件\第 6 章\素材\6208.tif"，分别调整至合适的大小和位置，如图 6-24 所示。使用相同的制作方法，拖入其他素材图像，并分别进行相应的调整，效果如图 6-25 所示。

图 6-24 拖入素材图像进行处理

图 6-25 图像效果

03 将不同形状的花瓣素材进行复制，并分别调整至合适的大小和位置，效果如图 6-26 所示。复制"花瓣"图层组，得到"花瓣 拷贝"图层组，右击，在弹出菜单中选择"合并组"选项，得到"花瓣 拷贝"图层，如图 6-27 所示。

图 6-26　花瓣图像效果

图 6-27　"图层"面板

04 设置"花瓣 拷贝"图层的"混合模式"为"正片叠底",效果如图 6-28 所示。为该图层添加图层蒙版,使用"画笔工具",设置"前景色"为黑色,设置笔触的不透明度,在图层蒙版中进行适当的涂抹处理,效果如图 6-29 所示。

图 6-28　设置图层混合模式

图 6-29　添加图层蒙版进行处理

Part 3:输入海报文字内容

01 使用"横排文字工具",在"字符"面板中进行设置,在画布中单击并输入文字,如图 6-30 所示。使用相同的制作方法,在画布中输入其他文字,并为相应的语言文字添加"渐变叠加"图层样式,效果如图 6-31 所示。

图 6-30　输入文字

图 6-31　输入其他文字

02 拖入相应的花瓣素材图像,调整到合适的大小和位置,效果如图 6-32 所示。使用"自定形状工具",在选项栏中设置"工具模式"为"形状","填充"为 CMYK(43,66,100,4),

在"形状"下拉列表中选择合适的形状，在画布中绘制形状图形，如图 6-33 所示。

图 6-32　拖入素材图像

图 6-33　绘制形状图形

03 使用"椭圆工具"，在选项栏中设置"填充"为 CMYK（43，66，100，4），在画布中绘制圆形，如图 6-34 所示。复制"椭圆 1"得到"椭圆 1 拷贝"图层，将复制得到的圆形等比例缩小，如图 6-35 所示。

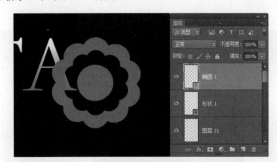

图 6-34　绘制圆形

图 6-35　复制圆形并等比例缩小

04 为"椭圆 1 拷贝"图层添加"描边"图层样式，设置如图 6-36 所示。单击"确定"按钮，完成"图层样式"对话框的设置，效果如图 6-37 所示。

图 6-36　设置"描边"图层样式

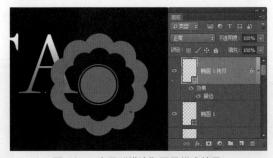

图 6-37　应用"描边"图层样式效果

05 使用"横排文字工具"，在"字符"面板中进行设置，在圆形外部路径上单击，输入路径文字，如图 6-38 所示。使用相同的制作方法，输入其他文字，并对其进行旋转处理，效果如图 6-39 所示。

> **提示** ▶▶▶ 路径文字是指创建在路径上的文字，文字会沿着路径排列，改变路径形状时，文字的排列方式也会随之改变。

图 6-38　输入路径文字

图 6-39　输入其他文字并进行旋转处理

06 完成该红酒宣传海报的设计制作。

●●● 6.2.3　知识扩展——海报设计的构成元素

海报版面的构成元素要紧扣创意与内容。任何图形、文字、色彩都应该是有意义的。简洁明了的设计是最便于记忆的，试图讲述太多或过于简单，都会使人不知所云，失去观赏兴趣。

1．图形

海报中的图形有写实的，更多则是概括、夸张、富有寓意，经过艺术处理的。它们在编排中自由度较高，充满版面、局部点缀、倾斜、倒置、连续组合等，可以通过各种形式置于版面中的任何位置。图形设计要能够充分表达内容创意，并与文字、标志等其他要素和谐平衡，从而使版面取得生动、震撼的艺术效果。

2．文字

文字是海报设计中的重要因素，它兼具交流与审美的功能。现代海报设计中，许多设计师用心于文字的改进、创造、运用，他们依靠有感染力的字体及文字编排方式，创造出一个又一个的视觉惊喜。在这些海报版面中，我们看到文字的大小穿插、正反倒转、上下错位、字体混用、虚实变化等，丰富多变的编排格式构筑了多层次、多角度的视觉空间，营造出活泼、严肃、明亮、幽暗、安静、运动等各种丰富情感。文字的功能已由"叙述信息"提升为"表现"，显现了前所未有的灵气，成为表达创意的有效手段。

> 提示 ▶▶ 注意，如果设计的海报版面中有过多较小的字体、冗长的标题都会妨碍版面中
> 信息的获取速度，在设计过程中应该谨慎使用。

3．配色

色彩有先声夺人的功能，是海报达到宣传目的的重要因素。海报版面的配色要切合主题、简洁明快、新颖有力，而对比度、感知度的把握是关键，相近的色彩搭配，感知度较弱，在远处或某些光线下，会显得朦胧暧昧，影响辨认。

4．版式

优秀的海报设计鲜活有力，能够迅速吸引受众，四平八稳的版面是不具备如此魅力的，现代海报设计中常采用自由版式。自由版式是对排版秩序结构的支解，不是用清晰的思路与规律去把握设计，没有传统版式的严谨对称，没有栏的条块分割，没有标准化，在对点、线、面等元素的组织中强调个性发挥的表现力，追求版面多元化。图 6-40 所示为设计出色的海报。

（a）　　　　　　　　　　（b）　　　　　　　　　　（c）

图 6-40　设计出色的海报

6.3　海报的创意方法

海报要想在几秒钟内牢牢吸引人，就要求设计师不仅内容准确到位，更要有独特的版面创意。创意是智慧的火花，是海报的灵魂，能改变产品或企业的命运，能够令受众津津乐道，过目不忘。

海报的版面创意形式可以根据视觉表现特点大致归纳为直接、会意、象征 3 种基本方法，它们相互综合、融会贯通可以创造出千变万化的版面效果。

1．直接法

直接表现广告信息，把产品最典型、最本质的形象或特征清晰、鲜明、准确地展示出来。采用这种创意方法的海报能够给人真实、可信、亲切的感受，受众容易理解和接受。图 6-41 所示为使用直接法设计的海报。

2．会意法

在版面设计中不直白呈现广告信息，而是表现由它们引发与其自身相关、等同类似甚至相反的联想和体验。这种创意方法能够让受众驰骋于想象，通过思考完成对广告的理解和记忆，能够给人含蓄动人的印象。图 6-42 所示为使用会意法设计的海报。

在该数码相机海报设计中，于版面的中心位置直接展示产品图像，并将相机产品与口红相结合，暗喻产品的小巧、精致。在版面中大量运用留白，突出产品的表现效果

在该葡萄酒宣传海报的设计中，将酒杯、大自然和葡萄相结合，喻义葡萄酒的纯天然和新鲜。海报使用较暗的色调作为版面主色调，给人一种神秘、浪漫的氛围

图 6-41　使用直接法设计的海报　　图 6-42　使用会意法设计的海报

3. 象征法

将广告信息所蕴含的特定含义通过另一种事物、角度、观点进行引申，产生出新的意义，使广告主题更加深化强烈，给人留下深刻印象。图 6-43 所示为使用象征法设计的海报。

该电子产品海报设计中，画面构成单纯、想象力生动，通过人物手持该产品坐在椅子上飞驰的合成场景，表现该电子产品能够为用户带来更加快速流畅的体验，突出表现了该产品的核心特点

图 6-43　使用象征法设计的海报

6.4　实战 2：品牌推广海报

品牌推广海报的设计重点在于突出品牌的表现或者通过主题标语口号，吸引受众群体的关注，从而在人们心中树立品牌形象。本案例所设计的品牌推广海报主题明确、突出，在画面的中心位置，通过 3D 立体文字的表现方式突出品牌的主题理念，具有很好的视觉效果。图 6-44 所示为本案例所设计的品牌推广海报的最终效果。

（a）　　　　　　　　　　（b）

图 6-44　品牌推广海报最终效果

●●● 6.4.1 设计分析

1. 设计思维过程

图 6-45 所示为品牌推广海报的设计思维过程。

 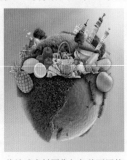  

通过渐变颜色填充与"镜头光晕"等效果模拟出大自然天空背景的效果

将地球素材图像与各种不同的蔬菜、水果等素材相结合，辅助海报主题的表达，使画面层次更丰富

在画面中心的主体图形上方制作 3D 立体文字，使该 3D 立体文字与地球图形相结合，突出表现海报的主题

完成海报中其他辅助信息内容的制作，并添加其他素材图像丰富画面的表现效果

（a）　　　　　　（b）　　　　　　（c）　　　　　　（d）

图 6-45　品牌推广海报的设计思维过程

2. 设计关键字：3D 立体文字

本案例所设计的品牌宣传海报将画面营造出一种大自然的感觉，在海报的中心部分通过地球与各种蔬菜水果图形相结合来表现海报中的主体图形。通过 3D 立体文字的方式突出表现海报的主题内容，这也是该海报的关键设计内容，将 3D 文字与主体图形相结合，使海报的主题表现更加具有层次感和立体感，具有很强的视觉冲击力。

3. 色彩搭配秘籍：蓝色、绿色、浅黄色

本案例所设计的品牌宣传海报根据其品牌性质选择了大自然中明亮的多种色彩进行搭配，通过明亮的蓝色、绿色使画面营造出一种自然、清新的氛围。画面中的 3D 主题文字内容同样使用了鲜艳的渐变颜色进行表现，与画面中五彩缤纷的蔬菜、水果相呼应，使得整个画面给人一种自然、清新、欢乐的印象。其配色设置如图 6-46 所示。

RGB（46, 154, 178）　　　　RGB（55, 143, 57）　　　　RGB（246, 227, 178）
CMYK（74, 22, 26, 0）　　　CMYK（77, 26, 100, 0）　　　CMYK（4, 12, 35, 0）
（a）　　　　　　　　　　　（b）　　　　　　　　　　　（c）

图 6-46　品牌推广海报的配色设置

●●● 6.4.2 制作步骤

视频

源文件：源文件 \ 第 6 章 \ 品牌推广海报 .psd　　　视频：视频 \ 第 6 章 \ 品牌推广海报 .mp4

Part 1：制作海报背景

01 打开 Photoshop，执行"文件"→"新建"命令，弹出"新建"对话框，设置如图 6-47所示，单击"确定"按钮，新建文件。按快捷键 Ctrl+R，显示文件标尺，从标尺中拖出参考线定位四边的出血区域，如图 6-48 所示。

02 新建 "图层 1"，使用"渐变工具"，打开"渐变编辑器"对话框，设置渐变颜色，如图 6-49 所示。单击"确定"按钮，在画布中拖动鼠标填充线性渐变，如图 6-50 所示。

图 6-47 设置 "新建" 对话框

图 6-48 拖出参考线定位出血区域

图 6-49 设置渐变颜色

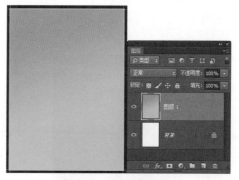

图 6-50 填充线性渐变

提示 ▶▶ 在渐变预览条下方单击可以添加新色标，选择一个色标后，单击"删除"按钮，或者直接将它拖动到渐变预览条之外，可以删除该色标。

03 新建 "图层 2"，使用"椭圆选框工具"在画布中绘制椭圆形选区，并为选区填充白色，如图 6-51 所示。取消选区，执行"滤镜"→"模糊"→"高斯模糊"命令，弹出"高斯模糊"对话框，设置如图 6-52 所示。

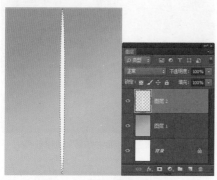

图 6-51 绘制选区并填充白色

图 6-52 设置"高斯模糊"对话框

04 单击"确定"按钮，效果如图 6-53 所示。复制"图层 2"得到"图层 2 拷贝"图层，按快捷键 Ctrl+T，显示自由变换框，在选项栏上设置"旋转"为 15 度，如图 6-54 所示。

图 6-53　应用"高斯模糊"滤镜效果　　　　　　图 6-54　旋转图形

　　05 按 Enter 键，确认对图像的旋转操作。按住快捷键 Ctrl+Alt+Shift 不放，多次按 T 键，对该图层进行多次旋转复制操作，如图 6-55 所示。将"图层 2"至"图层 2 拷贝 11"图层合并，调整图像到合适的大小和位置，设置该图层"不透明度"为 40%，如图 6-56 所示。

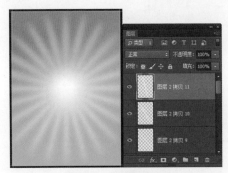

图 6-55　旋转复制多次　　　　　　图 6-56　调整图形位置并设置不透明度

　　06 执行"图像"→"模式"→"RGB 模式"命令，将文件转换为 RGB 模式，新建图层，为画布填充黑色，执行"滤镜"→"渲染"→"镜头光晕"命令，弹出"镜头光晕"对话框，设置如图 6-57 所示。单击"确定"按钮，应用"镜头光晕"滤镜，效果如图 6-58 所示。

图 6-57　设置"镜头光晕"对话框　　　　　　图 6-58　应用"镜头光晕"滤镜效果

　　提示 ▶▶ "镜头光晕"滤镜可以用来表现玻璃、金属等反射的光芒，或者用来增强日光和灯光的效果，可以模拟亮光照射到相机镜头所产生的折射。该滤镜只能在 RGB 模式中使用，所以此处需要将文件转换为 RGB 模式后再添加该滤镜效果。

07 设置"图层 2"的"混合模式"为"滤色","不透明度"为 90%,调整到合适的位置,如图 6-59 所示。执行"图像"→"模式"→"CMYK 模式"命令,转换为 CMYK 模式,为"图层 2"添加图层蒙版,使用"画笔工具",设置"前景色"为黑色,在蒙版中进行涂抹,效果如图 6-60 所示。

图 6-59 设置混合模式和不透明度

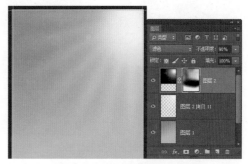
图 6-60 添加图层蒙版进行处理

08 新建"图层 3",使用"画笔工具",设置"前景色"为 CMYK(2,7,22,0),选择合适的笔触,在画布左下角进行涂抹,如图 6-61 所示。设置"图层 3"的"不透明度"为 50%,效果如图 6-62 所示。

图 6-61 使用画笔工具涂抹

图 6-62 设置图层不透明度

Part 2:制作主体图形

01 新建名称为"主体图形"的图层组,打开并拖入素材图像"源文件\第 6 章\素材\6401.tif",如图 6-63 所示。拖入其他素材图像,并分别进行相应地调整,注意图层的叠放顺序,效果如图 6-64 所示。

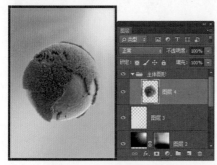
图 6-63 拖入地球素材图像

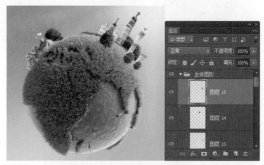
图 6-64 拖入其他素材图像

02 新建名称为"果蔬"的图层组，打开并拖入素材图像"源文件 \ 第 6 章 \ 素材 \6413.tif"，如图 6-65 所示。添加"投影"图层样式，弹出"图层样式"对话框，设置如图 6-66 所示。

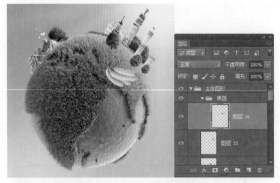

图 6-65　拖入水果素材图像

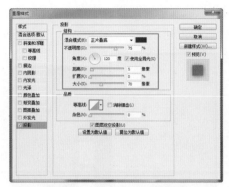

图 6-66　设置"投影"图层样式

03 单击"确定"按钮，完成"图层样式"对话框的设置，效果如图 6-67 所示。使用相同的制作方法，拖入其他素材图像并分别添加"投影"图层样式，效果如图 6-68 所示。

图 6-67　应用"投影"图层样式

图 6-68　拖入其他素材图像并添加"投影"图层样式

04 新建图层，使用"画笔工具"，在画布中合适的位置涂抹，如图 6-69 所示。将该图层移至"图层 16"下方，并设置"不透明度"为 60%，如图 6-70 所示。

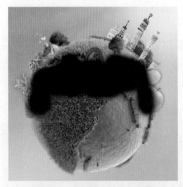

图 6-69　使用画笔工具涂抹

图 6-70　调整图层位置并设置不透明度

Part 3：制作 3D 主题文字

01 使用"横排文字工具"，在画布中单击并输入文字，如图 6-71 所示。执行"类型"→"文字变形"命令，弹出"文字变形"对话框，设置如图 6-72 所示。

图 6-71　输入文字

图 6-72　设置"凸起"文字变形效果

> 提示 ▶▶▶　变形文字是指对创建的文字进行变形处理后得到的文字效果，例如，可以将文字变形为扇形或波浪形。通过创建变形文字效果可以将原本呆板生硬的文字变得富有生机和活力，从而增加文字的观赏性。

02 单击"确定"按钮，应用文字变形处理，效果如图 6-73 所示。使用"横排文字工具"，在画布中单击并输入文字，如图 6-74 所示。

图 6-73　"凸起"文字变形效果

图 6-74　输入文字

03 执行"类型"→"文字变形"命令，弹出"文字变形"对话框，设置如图 6-75 所示。单击"确定"按钮，应用文字变形处理，效果如图 6-76 所示。

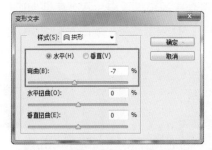

图 6-75　设置"拱形"文字变形效果

图 6-76　"拱形"文字变形效果

> 提示 ▶▶▶　此处输入主题文字，并分别对主题文字应用相应的变形效果，以使主题文字能够更好地与下方的地球图像相结合，仿佛文字是环绕着地球图像进行排列的。

04 执行"文件"→"新建"命令，弹出"新建"对话框，设置如图 6-77 所示，单击"确定"按钮，将刚制作的变形文字复制到新建文件中，并将两个文字图层合并，如图 6-78 所示。

图 6-77 设置"新建"对话框

图 6-78 将文字复制到新建文件中

提示 ▶▶ 如果需要在 Photoshop 中创建 3D 对象，那么，Photoshop 文件的颜色模式必须是 RGB 模式，其他颜色模式将无法创建 3D 对象。此处，我们创建一个透明背景的 RGB 文件制作 3D 文字效果，完成 3D 文字制作后，再将制作好的 3D 文字栅格化拖入设计文件中进行处理。

05 选择合并后的图层，执行"3D"→"从所选图层新建 3D 模型"命令，将该图层创建为 3D 模型，如图 6-79 所示。使用"移动工具"，单击选中刚创建的 3D 模型，如图 6-80 所示。

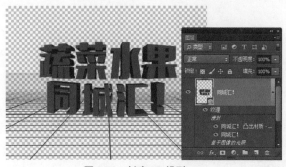

图 6-79 创建 3D 模型

图 6-80 选中 3D 模型

06 打开"属性"面板，在"形状预设"列表中选择合适的预设效果，在"属性"面板中对其他属性进行设置，如图 6-81 所示，可以看到场景中的 3D 模型效果，如图 6-82 所示。

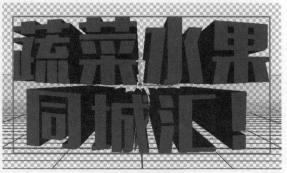

图 6-81 选择"形状预设"并设置选项

图 6-82 3D 文字效果

提示 ▶▶ "形状预设"选项用于为 3D 凸出对象应用预设的 3D 凸出形状效果,在该选项的下拉列表中提供了 18 种形状预设,选择相应的选项,即可应用相应的凸出效果。"凸出深度"选项用于设置 3D 凸出的深度,正值和负值决定了凸出的方向。如果为负值,则向前凸出;如果为正值,则向后凸出。

07 打开 3D 面板,单击"显示所有材质"按钮 ,切换到材质选项中,选择"凸出材质",如图 6-83 所示。在"属性"面板中单击"漫射"选项后的色块,在弹出的"拾色器(漫射颜色)"对话框中设置漫射颜色,如图 6-84 所示。单击"确定"按钮,完成漫射颜色的设置,"属性"面板如图 6-85 所示。

图 6-83　选择"凸出材质"

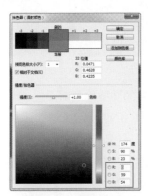
图 6-84　设置漫射颜色

图 6-85　"属性"面板

提示 ▶▶ "漫射"选项用于设置材质的颜色。漫射纹理可以是实色或任意 2D 内容,如果选择移去漫射纹理,则"漫射"色板值会设置漫射颜色。还可以通过直接在模型上绘画的方式创建漫射映射。

08 完成该 3D 模型的创建和设置,效果如图 6-86 所示。复制 3D 对象图层,将复制得到的图层栅格化为普通图层,如图 6-87 所示。

图 6-86　3D 文字效果

图 6-87　复制 3D 对象图层并栅格化

提示 ▶▶ 执行"图层"→"栅格化"→"3D"命令,或者在 3D 图层上右击,在弹出的快捷菜单中执行"栅格化 3D"命令,即可将选中的 3D 图层转换为普通图层。

将 3D 图像栅格化为普通图层后,3D 图层将不再具有其相关的属性,但会保留 3D 对象的外观效果,将 3D 图层转换为普通图层后,可以像处理其他普通图层一样对该对象进行处理。

09 将栅格化得到的 3D 文字拖入设计文件中，调整到合适的位置，并将原文字图层隐藏，如图 6-88 所示。使用"魔术棒工具"，在选项栏中对相关选项进行设置，在 3D 文字中创建相应的选区，如图 6-89 所示。

图 6-88 将 3D 文字拖入设计文件 　　　　　　　　图 6-89 创建选区

10 按快捷键 Ctrl+J，复制选区中的图像得到新图层，为该图层添加"渐变叠加"图层样式，弹出"图层样式"对话框，设置如图 6-90 所示。继续添加"内发光"图层样式，对相关选项进行设置，如图 6-91 所示。

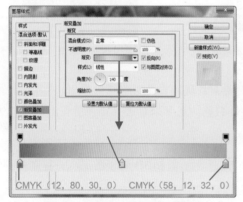 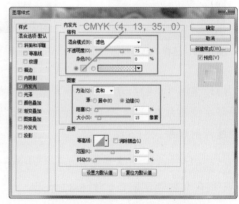

图 6-90 设置"渐变叠加"图层样式 　　　　　　　图 6-91 设置"内发光"图层样式

11 添加"描边"图层样式，对相关选项进行设置，如图 6-92 所示。单击"确定"按钮，完成"图层样式"对话框的设置，效果如图 6-93 所示。

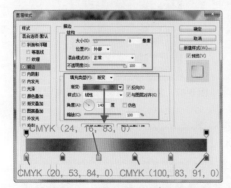 

图 6-92 设置"描边"图层样式 　　　　　　　　　图 6-93 应用"图层样式"效果

⓵ 选择 3D 文字图层，为该图层添加"投影"图层样式，对相关选项进行设置，如图 6-94 所示。单击"确定"按钮，完成"图层样式"对话框的设置，效果如图 6-95 所示。

图 6-94　设置"投影"图层样式

图 6-95　应用"投影"图层样式效果

⓭ 拖入相应的素材图像，并分别进行相应的处理，效果如图 6-96 所示。使用相同的制作方法，可以完成辅助文字内容的设计制作，效果如图 6-97 所示。

图 6-96　拖入相应的素材图像并处理

图 6-97　完成其他辅助文字内容的设计制作

Part 4：制作辅助信息美化细节

⓵ 新建名称为"辅助信息"的图层组，使用"圆角矩形工具"，在选项栏上设置"填充"为 CMYK（1，3，22，0），"半径"为 300 像素，在画布中绘制圆角矩形，如图 6-98 所示。使用"横排文字工具"，在画布中输入相应的文字，如图 6-99 所示。

图 6-98　绘制圆角矩形

图 6-99　输入文字

⓶ 使用"矩形工具"，在选项栏上设置"填充"为 CMYK（100，0，50，0），在画布中绘制矩形，如图 6-100 所示。打开并拖入素材图像"源文件 \ 第 6 章 \ 素材 \6423.tif"，设置该

155

图层的"混合模式"为"变暗","不透明度"为 50%,效果如图 6-101 所示。

图 6-100　绘制矩形

图 6-101　拖入素材图像并设置

03 使用相同的制作方法,完成底部信息内容的制作,效果如图 6-102 所示。拖入其他的素材图像,并分别调整到合适的大小和位置,注意素材的叠放顺序,效果如图 6-103 所示。

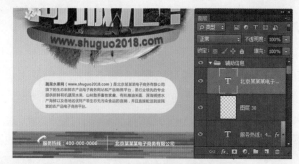

图 6-102　完成底部信息内容的制作　　　　图 6-103　拖入其他素材图像并调整装饰

04 完成该品牌宣传海报的设计制作。

●●● 6.4.3　知识扩展——海报设计的要求

海报是以图形和文字为内容,以宣传观念、报道消息或推销产品为目的。设计海报时,首先要确定主题,其次进行构图,最后使用技术手段制作海报并充实完善。

下面介绍一些在海报设计过程中的要求。

1．明确的主题

整幅海报应力求有鲜明的主题、新颖的构思和生动的表现等创作原则,才能以快速、有效和美观的方式，达到传送信息的目标。任何广告对象都有可能是有多种特点，只要抓住一点，一经表现出来，就必然形成一种感召力，促使受众对广告对象产生冲动，达到广告的目的。在设计海报时，要对广告对象的特点加以分析，仔细研究，选择出最具有代表性的特点。

2．视觉吸引力

第一，要针对对象和广告目的，采取正确的视觉形式；第二，要正确运用对比的手法；第三，要具有重新组合的创造力，表现出不同的视觉新鲜感；第四，海报的形式与内容应该具有一致性，这样才能使其吸引力更强。

3．科学性和艺术性

随着科学技术的进步，海报的表现手段越来越丰富，也使海报设计越来越具有科学性。但是，海报的对象是人，海报是通过艺术手段，按照美的规律进行创作的，所以，它又不是一门纯粹的科学。海报设计是在广告策划的指导下，用视觉语言传达各类信息。

4．灵巧的构思

设计要有灵巧的构思，使作品能够传神达意，这样作品才具有生命力。通过必要的艺术构思，运用恰当的夸张和幽默手法，揭示产品未发现的优点，明显地表现出为消费者利益着想的意图，从而可以拉近与消费者的感情，获得广告对象的信任。

5．用语精练

海报用词造句应力求精练，在语气上应感情化，使文字真正起到画龙点睛的作用。

6．构图赏心悦目

海报的外观构图应该让人赏心悦目，留下美好的第一印象。

7．内容的体现

设计一张海报除了纸张大小之外，通常还需要掌握文字、图画、色彩及编排等设计原则。标题文字是和海报主题有直接关系的，因此除了使用醒目的字体与字号外，文字字数不宜太多，尤其需配合文字的速读性与可读性，以及关注远看和边走边看的效果。

8．自由的表现方式

海报画面的表现方式可以非常自由，但要有创意的构思，才能令观赏者产生共鸣。除了使用插画或摄影的方式之外，画面也可以使用纯粹几何抽象的图形表现。海报宜采用比较鲜明，并能衬托出主题，引人注目的色彩。编排虽然没有一定格式，但是必须达到画面的美感，以及合乎视觉顺序，因此在版面的编排上应该掌握形式原理，如均衡、比例、韵律、对比、协调等要素，也要注意版面的留白。图 6-104 所示为出色的海报设计。

(a)   (b)   (c)

图 6-104　出色的海报设计

6.5　海报设计欣赏

完成本章内容的学习，希望读者能够掌握海报的设计制作方法和技巧，本节将提供一些精美的海报设计模板供读者欣赏，如图 6-105 所示。读者可以动手练习，检验一下自己是否也能够设计制作出这样的海报。

图 6-105　海报设计欣赏

6.6　本章小结

本章主要介绍了海报设计的相关知识，包括海报的分类、海报的主要功能以及海报设计的特点等内容，并通过多个不同类型的海报案例的设计制作，讲解了海报的设计和表现方法，读者需要能够理解海报设计的相关知识，并发挥自己的想象力和创意，设计出更多精美的海报作品。

第 7 章　书籍装帧设计

书籍是现代社会传递和保存信息不可缺少的载体，虽然计算机的普及、通信手段的进步和网络的发展提供了诸多更为便捷甚至"无形"的载体，但纸质媒体在信息保存和传递中的作用还没有过时，其独特的地位还不能被其他媒介完全取代。恰恰相反，各种现代技术的发展既对纸质媒体在历史上的独特地位提出了挑战，同时也为纸质媒体适应现代需求提供了种种便利。书籍装帧设计的发展使书籍外观变得更加具有吸引力就是最好的例证。本章将介绍书籍装帧的相关知识，并通过书籍装帧案例的制作，使读者掌握书籍装帧的设计制作方法，并拓展读者在书籍装帧设计制作方面的思路。

7.1　了解书籍装帧设计

书籍装帧设计是指书籍的整体设计，它包括的内容很多，主要包括封面和内页两大部分，封面与内页的设计方式有很大的不同。书籍装帧是将书稿变为书籍的艺术创作过程，与其他平面设计在功能、形式上有较大的区别，它集编辑、设计、排版、印刷为一体。

7.1.1　书籍装帧的设计方法

书籍装帧设计不仅仅是为了好看，设计师需要让书籍装帧紧紧地围绕书籍的内容加以修饰，以符合书籍的内容风格，体现书稿的内涵。如何能够在琳琅满目的书籍中脱颖而出？书籍装帧设计应该以美的原则为指导。护封和封面的设计作为书籍的主要展示形象和对消费者进行视觉引导的手段，它的成功与否和书籍装帧设计者有直接的关系。

1. 把握书籍内涵

准确地把握书籍的内涵，提取主要内容是书籍护封和封面设计的良好开端。设计者还要考虑书籍的类型，如儿童读物、休闲小说，浪漫武侠、古典诗歌和严肃的科学论文等，都会有固定的表现形式。图 7-1 所示为休闲小说的书籍装帧设计。

> **提示 ▶▶** 作为书籍设计者难免有自己的爱好，在书籍设计中就免不了受到设计者的影响。所以设计者在设计时不仅要考虑到自己的感受还要考虑到读者，因此，书籍设计者必须尽可能地创造出一个优美的、合理的视觉空间形式，尽可能地与读者交流和沟通，达成共识。

（a）　　　　　　　　　（b）　　　　　　　　　（c）

图 7-1　休闲小说的书籍装帧设计

2．封面设计

在封面构图时尤其注意文字（书名、出版社、作者）的安排，书籍封面的设计必须以书名为主，其他的一些都是为书名服务的。可以采用重复构图、对称构图、均衡构图、三角构图、圆形构图、L 形构图等，也可以采用点、线、面的构成形式来表现书籍的个性。

书名是封面的重心，文字便显得重要。文字的风格就要从文字的结构、笔画、骨架、大小等来表现。好的文字具有说服力，书名字体的设计代表着书的内涵，如图 7-2 所示，读者可以慢慢体会。

（a）　　　　　　　　　（b）　　　　　　　　　（c）

图 7-2　效果突出的书名字体设计

3．色彩搭配

在护封、封面的设计中，色彩的运用也是相当重要的，设计师可以利用自己的审美经验，利用色彩的魅力，从心理上和生理上让读者产生共鸣。需要考虑的要素有：色彩的面积、色彩的纯度、色彩的明度、色彩的冷暖等。图 7-3 所示为书籍装帧的配色设计。

4．书脊和封底

书脊设计以清晰的识别性为原则，书名也是书脊的主角。但是书名的大小受书籍厚度的严格制约，厚本的书籍可以进行精美的设计和更多的装饰。好的精美书脊能引起读者的注意。

封底设计应该以简洁为原则，不能喧宾夺主，它主要是起辅助作用的，封面为主，封底为辅，有主有次，才能表现出和谐有序的美感。图 7-4 所示为简洁设计的书脊和封底。

图 7-3 书籍装帧的配色设计

后勒口　封底　书脊　封面　前勒口

图 7-4 简洁设计的书脊和封底

7.1.2 书籍装帧的构图

书籍设计是指书籍的整体设计，包括封面、扉页、目录、正文、插图等诸多内容，其中，封面是主体设计要素，是整个书籍装帧设计艺术的门面。

封面设计是书籍的"门面"，也是读者的第一视觉感观，又是书籍展示自身形象和风貌的窗口，因此要以视觉冲击力较强的封面在众多的竞争刊物中脱颖而出，吸引读者的目光。通常以精彩的写真图片作为主要的视觉元素，配合醒目的书名，书名一般放置在版面的左上角，属于视觉重心，如图 7-5 所示。

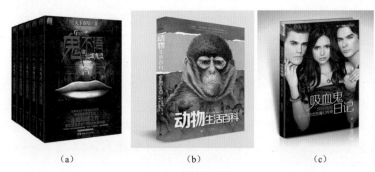

（a）　　　　　　　　（b）　　　　　　　　（c）

图 7-5 书籍封面设计

书籍内页则大多以标题、图片、正文、注解的基本顺序来进行编排，版式明快、色彩跳跃、文字流畅、设计精美都是成功进行内页设计的重要方面，在页面的编排方面，需要使整体在统一中富有变化，从而保证读者的阅读兴趣，如图 7-6 所示。

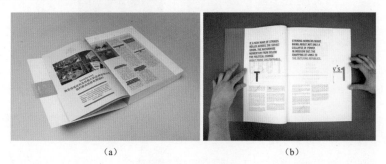

（a）　　　　　　　　（b）

图 7-6 书籍内页设计

●●● 7.1.3 书籍装帧的设计原则

在对书籍装帧进行设计前应该充分了解书的主题、内容、情节、读者、作者等，并根据相关信息进行设计定位，确定版面的形式语言和风格，选择突出图片或突出文字，或图文结合，表现出时尚前卫、稚嫩活泼，还是古雅深沉等不同的风格。

书籍装帧设计的原则主要可以分为以下几个方面。

1. 整体性

书籍装帧设计的工艺手段包括纸张的裁切工艺、印刷工艺和装订工艺。为了保证这一系列工艺的合理实施，就必须预先制定计划，包括开本的大小、纸张、封面材料、印刷方式和装订方式等这些都是书籍的整体设计。设计者不能仅仅局限于封面设计的形式上，同时要重视书籍的整体内容、书籍的种类和书籍的写作风格等。图 7-7 所示为一系列的图书保持了统一的书籍装帧设计风格。

图 7-7　统一设计风格的一系列图书装帧设计

2. 时代性

审美意识不是一成不变的，它随着时代的变化发展而发展，具有时代的特征。设计者应该走在生活的前面，创造引导生活潮流的新视觉形象。随着技术的发展，书籍设计对工艺流程和技术的要求越来越高，高工艺和高技术成为书籍形态设计的一种特殊表现力的语言，可以有效地延伸和扩散设计者的艺术构思，在传统和当代的设计成果基础上，要大胆地创新，不断地采用新的材料、新的工艺手段，展现出新的时代特征。

3. 独特性

信息社会带来了全新的社会形态，市场经济的导入和倡导，使得同类书籍的竞争日益激烈。能否在市场竞争中取胜，书籍的封面起着相当重要的作用。有些书籍在设计形式、印刷工艺上都看不出什么毛病，但是就是不能引起读者的兴趣。所以在书籍装帧设计的同时不仅要采用超常规的思维、色彩和图形，还要用新颖的文字编排、特殊的材料等手段来吸引读者。往往一本好的书籍装帧设计不仅是设计师充满个性的创造，而且还是设计师在个性和审美中找到的精华。图 7-8 所示为精美的书籍装帧设计。

（a）　　　　　　　　　　　　（b）

图 7-8　精美的书籍装帧设计

●●● 7.1.4 书籍装帧的设计流程

书籍装帧设计是一项较为复杂的工作，由于其程序繁多，大致可以分为以下几个步骤：

（1）确定基调。首先需要确定整本书的基调。深刻理解主题，找到表现的重点，以确定基调。

（2）分解信息。使主题内容变得条理化、逻辑化、寻找内在的关系。

（3）确定符号。把握贯穿全书的视觉信息符号，可以是图像、文字、色彩、结构、阅读方式、材质工艺等，全书需要统一。

（4）确定形式。创造符合表达主题的最佳形式，按照不同的内容赋予其合适的外观。

（5）语言表达。信息逻辑、图文符号、传达构架、翻阅顺序等都是书籍的设计语言。

（6）具体设计。将书籍的主题、形式、材质、工艺等特征进行综合整理，通过具体的设计，将心中的书籍物化。

（7）阅读体验。阅读整个设计稿，从整体性、可视性、可读性、归属性、愉悦性、创造性6个方面去体验。

（8）美化版面。通过书籍设计将信息进行美化，使书稿展现出更加丰富的内容，并以易于阅读、赏心悦目的表现方式传达给读者。

7.2　实战 1：设计小说书籍装帧

一个好的书籍装帧设计不仅能够体现书籍的内容、性质，给读者以美的享受，而且还能够保护书籍。本案例设计一个小说的书籍装帧，整个书籍装帧的画面简洁、重点突出。通过对文字的变形处理制作出书籍名称，合理地布局各部分文字内容，使其整体上看起来简洁、大方。图 7-9 所示为本实例所设计的小说书籍装帧的最终效果。

（a）　　　　　　　　　　　　　　　　　　　（b）

图 7-9　小说书籍装帧的最终效果

7.2.1　设计分析

1. 设计思维过程

图 7-10 所示为小说书籍装帧的设计思维过程。

确定书籍整体背景颜色，置入
素材图像，通过蒙版使素材与
背景颜色融合

（a）

绘制基础图形并填充渐变颜色，
在书稿封面和书脊部分输入文
字，并对相应的文字进行处理

（b）

合理的整体布局使书籍封面内
容更加丰富，繁而不乱

（c）

制作书籍腰封，为书籍添加腰
封，可以使书籍更加美观

（d）

图 7-10　小说书籍装帧的设计思维过程

2. 设计关键字：整体布局、字体形式

书籍的封面设计需要书名做得精美，画面简洁、主体清晰。本案例设计的书籍封面，是通过更改字体的垂直缩放，使人看后有一种意境感。

封面设计应该在内容的安排上做到繁而不乱，就是要有主有次，层次分明，简而不空，意味着简单的图形中要有内容，增加一些细节来丰富效果。

3. 色彩搭配秘籍：深蓝色、橙色、红色

深蓝色是背景色，主要是衬托文字色彩。文字使用黄色和橙色，与背景形成视觉上的对比和冲击。红色是腰封的主题色，给人眼前一亮的感觉，起到吸引人们目光的作用。小说书籍封面配色设置如图 7-11 所示。

RGB（21, 21, 36）
CMYK（82, 76, 56, 71）
（a）

RGB（239, 126, 0）
CMYK（0, 62, 100, 0）
（b）

RGB（193, 48, 24）
CMYK（0, 100, 100, 20）
（c）

图 7-11　小说书籍封面配色设置

7.2.2　制作步骤

视频

源文件：源文件 \ 第 7 章 \ 书籍装帧 .ai　　视频：视频 \ 第 7 章 \ 书籍装帧 .mp4

Part 1：制作书籍封面

01 打开 Illustrator，执行"文件"→"新建"命令，弹出"新建文件"对话框，设置如图 7-12 所示，单击"确定"按钮，新建空白文件。使用"矩形工具"，设置"填色"为 CMYK（82，76，51，71），"描边"为无，在画布中绘制矩形，如图 7-13 所示。

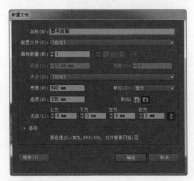

图 7-12　设置"新建文件"对话框

图 7-13　绘制与文档尺寸相同的矩形

02 按快捷键 Ctrl+R，显示文件标尺，从标尺中拖出参考线，划分书籍封面、封底、书脊和勒口部分，如图 7-14 所示。执行"文件"→"置入"命令，打开素材图像"源文件 \ 第 7 章 \ 素材 \7201.tif"，单击"嵌入"按钮，调整到合适的大小和位置，如图 7-15 所示。

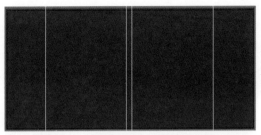

图 7-14　拖出参考线划分书籍不同部分

图 7-15　置入书籍封面背景素材

03 使用"矩形工具"，设置"描边"和"填色"均为无，在画布中绘制矩形，为该矩形填充黑白线性渐变，如图 7-16 所示。同时选中刚绘制的矩形和素材，打开"透明度"面板，单击"制作蒙版"按钮，创建蒙版，如图 7-17 所示。

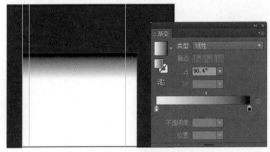

图 7-16　绘制矩形并填充线性渐变

图 7-17　创建蒙版

04 使用"矩形工具"，设置"填色"为无，"描边"为白色，"粗细"为 1pt，在画布中绘制矩形，如图 7-18 所示。使用"矩形工具"，设置"描边"为无，在画布中绘制矩形，设置渐变颜色，为该矩形填充渐变颜色，如图 7-19 所示。

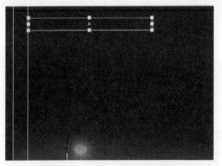

图 7-18　绘制白色矩形边框

图 7-19　绘制矩形并填充渐变颜色

05 使用"文字工具"，设置"填色"为白色，在画布中单击并输入文字，如图 7-20 所示。使用"文字工具"，设置"填色"为 CMYK（0，62，100，0），在画布中单击并输入文字，如图 7-21 所示。

图 7-20　输入文字

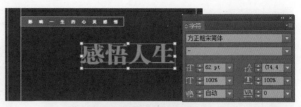

图 7-21　输入书名文字

06 使用"文字工具"分别选中"感"字和"生"字，在"字符"面板中设置"垂直缩放"为 65%，如图 7-22 所示。使用"文字工具"选中"人"字，设置"填色"为 CMYK（18，92，100，9），在"字符"面板中设置"字体大小"为 100pt，如图 7-23 所示。

图 7-22　设置文字效果

图 7-23　设置个别文字的大小和颜色

07 选中文字，执行"文字"→"创建轮廓"命令，将文字创建为轮廓，如图 7-24 所示。使用"直接选择工具"，选中"人"字，执行"对象"→"路径"→"偏移路径"命令，对相关选项进行设置，单击"确定"按钮。设置"填色"为无，"描边"为 CMYK（59，53，53，56），效果如图 7-25 所示。

图 7-24　将文字创建为轮廓

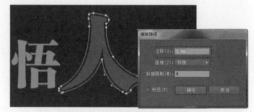

图 7-25　偏移路径并设置

08 使用相同的制作方法，在画布中合适的位置输入其他文字，如图 7-26 所示。使用"矩形工具"，设置"描边"为无，在画布中绘制矩形，为该矩形填充渐变颜色，如图 7-27 所示。

图 7-26　输入其他文字

图 7-27　绘制矩形并填充渐变颜色

09 使用"倾斜工具"，按住 Shift 键在水平方向拖动鼠标，对矩形进行倾斜操作，如图 7-28 所示。使用相同的制作方法，绘制出相似的图形，如图 7-29 所示。

图 7-28　对矩形进行倾斜操作

图 7-29　绘制出相似的图形

10 选中文字，执行"对象"→"排列"→"置于顶层"命令，将文字移至所有对象之前，如图 7-30 所示。使用"星形工具"，设置"填色"为 CMYK（19，92，100，9），"描边"为无，在画布中单击，在弹出的"星形"对话框中设置，再单击"确定"按钮，将星形调整到合适的大小和位置，如图 7-31 所示。

图 7-30　调整排列顺序

图 7-31　绘制多角星形

11 使用"椭圆工具"，在画布中绘制圆形，同时选中圆形和星形，打开"路径查找器"面板，单击"减去顶层"按钮，得到需要的图形，如图 7-32 所示。使用"椭圆工具"，设置"填色"为 CMYK（19，92，100，9），"描边"为无，在画布中绘制圆形，如图 7-33 所示。

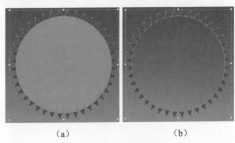

（a）　　　　　　　（b）

图 7-32　减去圆形

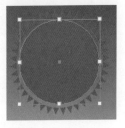

图 7-33　绘制圆形

12 使用"矩形工具"，设置"描边"为无，在画布中绘制矩形。在矩形路径的上下各增加一个锚点，使用"直接选择工具"，调整添加的锚点，如图 7-34 所示。同时选中变形的矩形和圆形，打开"路径查找器"面板，单击"减去顶层"按钮，得到需要的图形，如图 7-35 所示。

图 7-34　绘制矩形添加锚点调整

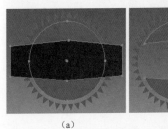

（a）　　　　　　　（b）

图 7-35　减去相应的形状

13 使用相同的制作方法，可以绘制出相似的图形效果，如图 7-36 所示。使用"文字工具"，设置"填色"为白色，"描边"为无，在画布中输入文字，将文字创建为轮廓，如图 7-37 所示。

图 7-36　绘制图形

图 7-37　输入文字并创建为轮廓

14 选中相应的图形，执行"对象"→"编组"命令，将其编组，如图 7-38 所示。选中刚编组的图形，打开"变换"面板，设置"旋转"选项为 25°，效果如图 7-39 所示。

图 7-38　图形编组

图 7-39　图形旋转

Part 2：制作书脊

01 使用"矩形工具"，设置"描边"为无，在画布中绘制矩形，在矩形的下边添加一个锚点，使用"直接选择工具"调整该锚点，为该图形填充渐变颜色，效果如图 7-40 所示。使用"直排文字工具"，设置"填色"为 CMYK（82，76，56，71），在画布中输入文字，如图 7-41 所示。

图 7-40　绘制图形并填充线性渐变

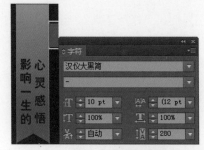

图 7-41　输入文字并设置文字属性

02 使用"直排文字工具"，设置"填色"为 CMYK（18，92，100，9），在画布中输入文字，如图 7-42 所示。使用相同的制作方法，可以完成书脊部分内容的制作，如图 7-43 所示。

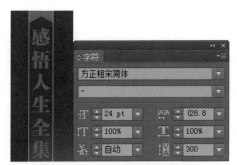

图 7-42 输入书籍名称文字

图 7-43 完成书脊内容制作

Part 3：制作勒口和封底

01 使用"文字工具"，设置"填色"为白色，在画布中单击并输入文字，打开"变换"面板，设置"旋转"选项为 -90°，效果如图 7-44 所示。使用相同的制作方法，可以完成书籍封面勒口部分的制作，效果如图 7-45 所示。

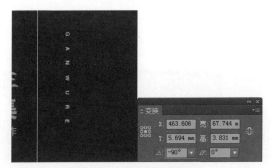

图 7-44 输入文字并旋转

图 7-45 完成封面勒口的制作

02 使用相同的制作方法，可以完成书籍封底和封底勒口部分的制作，如图 7-46 所示。最后完成该书籍装帧封面、封底、书脊和勒口的制作，可以看到该书籍装帧的最终效果，如图 7-47 所示。

图 7-46 完成封底和勒口的制作

图 7-47 书籍装帧最终效果

提示 ▶▶ 在 Illustrator 中无法直接创建条形码，但可以通过 CorelDRAW 软件生成条形码，并将生成的条形码导出为 TIF 图像，再导入 Illustrator 软件中使用，也可以在 Illustrator 中安装外部插件。

Part 4：制作腰封

01 执行"文件"→"新建"命令，弹出"新建文件"对话框，设置如图 7-48 所示，单击"确定"按钮，新建空白文件。使用"矩形工具"，设置"填色"为 CMYK（0，100，100，20），"描边"为无，在画布中绘制矩形，如图 7-49 所示。

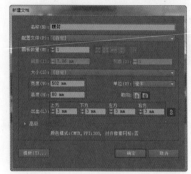

图 7-48　设置"新建文件"对话框　　　　图 7-49　绘制与文档尺寸相同的矩形

02 使用"文字工具"，设置"填色"为白色，在画布中输入文字，如图 7-50 所示。使用相同的制作方法，可以绘制出相似的图形并输入相应的文字，如图 7-51 所示。

图 7-50　输入文字　　　　　　　　　图 7-51　绘制相似的图形

03 使用相同的制作方法，可以完成腰封中其他内容的制作，选中画面中所有的元素，执行"对象"→"编组"命令，将图形编组，如图 7-52 所示。将制作完成的书籍腰封添加到书籍上，可以看到相应的效果，如图 7-53 所示。

图 7-52　将所有图形编组　　　　　　图 7-53　将腰封添加到书籍封面上

7.2.3　知识扩展——书籍装帧的设计要求

书籍装帧设计需要具有可读性和流畅性，这是书籍装帧的基本要求，也是书籍装帧设计的出发点和终点。它利用艺术语汇来提高读者的兴趣，扩展到书籍的精神特征，它是通过字体、版面、插图、扉页、封面、护封、色彩和造型等共同来完成的。图 7-54 所示为精美的书籍装帧设计。

（a）　　　　　　　　　　　　　　（b）

图 7-54　精美的书籍装帧设计

书籍装帧设计也有其具体的要求，主要包括如下几个方面。

（1）合理表达。恰当有效地表达书籍的含义及内容，设计者应该在策划书籍时，就尽可能地对书籍的整体内容、作者的意图和读者范围进行了解，要求书籍内容、种类，以及写作风格相吻合。

（2）综合考虑。应该考虑到读者的年龄、职业、文化水平、民族、地域等诸多不同因素的需要和使用方便，照顾人们的审美水平和阅读习惯。

（3）艺术特色。好的书籍必须在艺术设计与制作工艺上都有很高的质量，不仅要提倡有时代特色的书籍，还要有民族特色的书籍风格设计。

（4）体现五美。好的书籍要做到五美，即视觉美、触觉美、阅读美、听觉美和嗅觉美。

7.3　实战 2：设计时尚杂志封面

杂志封面设计也属于书籍装帧设计的范畴，其设计方法与书籍封面的设计方法类似，但又有其自身的特点。本节将带领读者完成一个时尚杂志封面的设计制作，该杂志封面的设计以杂志的标题文字处理为主，其他封面中相应的元素需要遵循清晰、简洁、直观的设计原则。图 7-55 所示为本案例所设计的时尚杂志封面的最终效果。

（a）　　　　　　　　　　　　　　（b）

图 7-55　时尚杂志封面最终效果

●●● 7.3.1　设计分析

1. 设计思维过程

图 7-56 所示为时尚杂志封面的设计思维过程。

绘制背景矩形色块，置入黑白素材图像作为封面的主体图像	在封面顶部输入杂志标题文字，对标题文字进行排版处理	将标题文字创建轮廓，并制作出镜面投影效果，体现出版面的空间感	在封面中排列文章标题，并绘制相应的小图标，完成封底效果的制作
（a）	（b）	（c）	（d）

图 7-56　时尚杂志封面的设计思维过程

2. 设计关键字：不透明蒙版

杂志封面设计，是将文字、图形和色彩等进行合理安排的过程。在本案例所设计的时尚杂志封面中使用人物素材作为杂志封面的主体图像，紧扣杂志主题。在该标题设计中，通过为标题文字创建不透明蒙版，从而制作出标题文字的镜面投影效果，增加版面空间感的表现。封面中的文字以水平方式进行排列，占整个画面的主导作用，让读者看起来有条不紊。

3. 色彩搭配秘籍：黑色、黄色、洋红色

本案例所设计的时尚杂志封面使用纯黑色作为背景主色调，给人一种强烈的时尚与现代感，在黑色的背景上搭配明亮的黄色，形成强烈、鲜明的对比，视觉效果非常突出。而封面中其他的一些文章标题文字则采用了洋红色、黄色和白色相互搭配的效果，使得文章标题清晰、易区分，并且能够起到活跃版面的效果。整个封面的色彩搭配给人时尚、现代的感受，视觉效果强烈。本例的配色设置如图 7-57 所示。

RGB（0，0，0）　　　　　RGB（250，190，0）　　　　RGB（229，0，101）
CMYK（0，0，0，100）　　CMYK（0，30，100，0）　　CMYK（0，100，30，0）
　　（a）　　　　　　　　　　（b）　　　　　　　　　　（c）

图 7-57　时尚杂志封面的配色设置

视频

●●● 7.3.2　制作步骤

源文件：源文件 \ 第 7 章 \ 时尚杂志封面 .ai　　　视频：视频 \ 第 7 章 \ 时尚杂志封面 .mp4

Part 1：制作杂志标题文字

01 打开 Illustrator，执行"文件"→"新建"命令，弹出"新建文件"对话框，设置如图 7-58 所示，单击"确定"按钮，新建空白文件。使用"矩形工具"，设置"填色"为 CMYK（0，0，0，100），"描边"为无，在画布中绘制矩形，如图 7-59 所示。

02 按快捷键 Ctrl+R，显示文件标尺，从标尺中拖出参考线，区分封面、封底和文件边界，如图 7-60 所示。执行"文件"→"置入"命令，打开素材图像"源文件\第 7 章\素材\7301.tif"，单击选项栏上的"嵌入"按钮，调整到合适的大小和位置，如图 7-61 所示。

图 7-58 设置"新建文件"对话框

图 7-59 绘制与文档尺寸相同的矩形

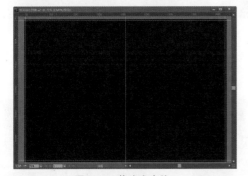

图 7-60 拖出参考线

图 7-61 置入封面人物素材

提示 ▶▶ 在设计杂志封面时，需要根据杂志的厚度和装订方式来决定该杂志是否有书脊部分。大多数杂志比较薄，并且采用骑马订的装订方式，所以并不需要书脊。本案例所设计的时尚杂志封面就是没有书脊的，其封面和封底的尺寸为 210mm×285mm，所以新建的文件尺寸为 420mm×285mm，四边各预留 3mm 出血。

03 使用"矩形工具"，设置"填色"和"描边"均为无，在画布中绘制矩形，如图 7-62 所示。同时选中刚绘制的矩形和置入的素材图像，执行"对象"→"剪切蒙版"→"建立"命令，创建剪切蒙版，效果如图 7-63 所示。

图 7-62 绘制与封面尺寸相同的矩形

图 7-63 创建剪切蒙版

> **提示** ▶▶ 如果需要释放剪切蒙版，可以执行"对象"→"剪切蒙版"→"释放"命令，或者在该剪切蒙版对象上右击，在弹出菜单中选择"释放剪切蒙版"命令。

04 将画布中的所有对象全部锁定。使用"文本工具"，在"字符"面板中对相关属性进行设置，在画布中单击并输入文字，设置文字颜色为 CMYK（0，30，100，0），如图 7-64 所示。使用"直排文字工具"，在画布中单击并输入直排文字，如图 7-65 所示。

图 7-64　输入杂志英文名称　　　　　　　　图 7-65　输入直排文字

05 使用"文本工具"，在画布中单击并输入文字，如图 7-66 所示。同时选中刚输入的多个文字，执行"文字"→"创建轮廓"命令，将文字创建为轮廓，如图 7-67 所示。

图 7-66　输入横排文字　　　　　　　　　图 7-67　将文字创建为轮廓

> **提示** ▶▶ 将文字创建为轮廓后，不再具有文字的相关属性，而是变为普通图形，可以像处理普通的路径图形一样对轮廓化后的文字路径进行编辑和处理，并且还可以避免因字体缺失而无法正确显示所需要的字体。

06 将画布放大，使用"直接选择工具"，选中文字相应的锚点并将其删除，如图 7-68 所示。使用"椭圆工具"，设置"填色"为 CMYK（0，30，100，0），"描边"为无，在画布中绘制一个圆形，如图 7-69 所示。

图 7-68　删除不需要的锚点　　　　　　　图 7-69　绘制圆形

07 执行"窗口"→"符号"命令，打开"符号"面板，打开"箭头"符号库，选择合适的箭头符号，将其拖入画布中，如图 7-70 所示。选中画布中的箭头符号，执行"对象"→"扩展"命令，弹出"扩展"对话框，单击"确定"按钮，将符号扩展为图形，如图 7-71 所示。

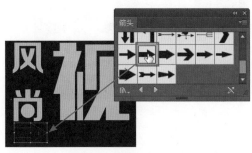

图 7-70　将符号拖入画布

图 7-71　将符号扩展为图形

提示 ▶▶ 如果需要对符号图形进行编辑处理，那么必须先执行"对象"→"扩展"命令，将该符号图形扩展为普通的路径图形，才可以对其进行变形操作处理。

08 将箭头图形进行适当的旋转操作，并调整到合适的大小和位置，如图 7-72 所示。同时选中箭头图形和圆形，单击"路径查找器"面板上的"减去顶层"按钮，得到需要的图形，效果如图 7-73 所示。

图 7-72　调整箭头到合适的大小和位置

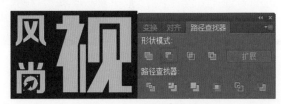

图 7-73　圆形上减去箭头图形

09 使用"直接选择工具"，选中文字路径上相应的两个锚点，并向右拖动锚点，如图 7-74 所示。完成文字的变形处理，选中相应的文字路径，按快捷键 **Ctrl+G**，合并图形，如图 7-75 所示。

图 7-74　拖动文字路径锚点

图 7-75　将文字路径合并

10 使用"镜像工具"，按住 **Alt** 键在文字下边缘处单击，弹出"镜像"对话框，对相关选项进行设置，如图 7-76 所示。单击"复制"按钮，得到镜像文字图形，如图 7-77 所示。

提示 ▶▶ 使用"镜像工具"，按住 **Alt** 键在画布中单击的点将自动作为镜像处理的基准点。在"镜像"对话框中，选中"水平"选项，则对象将沿水平轴镜像；选中"垂直"选项，则对象将沿垂直轴镜像；选中"角度"选项，则可以在"角度"文本框中输入镜像轴的角度。

图 7-76　设置"镜像"对话框

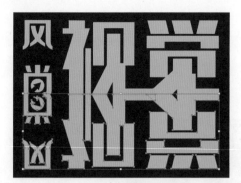

图 7-77　得到镜像文字图形

11 使用"矩形工具"，在画布中绘制一个"描边"为无的矩形，如图 7-78 所示。选中该矩形，打开"渐变"面板，设置其填充颜色为从黑色到白色的线性渐变，使用"渐变工具"，在该矩形上调整渐变填充效果，如图 7-79 所示。

图 7-78　绘制矩形

图 7-79　填充线性渐变

提示 ▶▶ 调整对象渐变填充效果的方式有两种：一种是使用"渐变工具"在该对象上拖动鼠标，调整渐变填充的效果；另一种是使用"渐变工具"，在渐变填充对象上会显示渐变填充轴，可以通过调整渐变填充轴的起始点和中点位置来改变渐变填充的效果。

12 拖动鼠标，同时选中矩形和矩形下方的文字路径，如图 7-80 所示。打开"不透明度"面板，单击该面板中的"制作蒙版"按钮，创建不透明蒙版并设置"不透明度"为 10%，效果如图 7-81 所示。

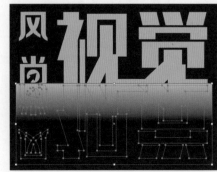

图 7-80　同时选中矩形和文字路径

图 7-81　创建不透明蒙版

> **提示** ▶▶ 不透明蒙版的创建必须以黑白渐变为基础，其产生的效果类似于 Photoshop 中的图层蒙版，黑色为遮住，白色为显示。如果在"透明度"面板中勾选"反相蒙版"复选框，则可以反向蒙版操作；如果需要释放不透明蒙版，可以单击"透明度"面板中的"释放"按钮。

Part 2：制作杂志封面其他内容

01 使用"星形工具"，在画布中单击，弹出"星形"对话框，对相关选项进行设置，单击"确定"按钮，在画布中得到多角星形，如图 7-82 所示。选中星形图形，设置"填色"为 CMYK（0，30，100，0），"描边"为白色，在"描边"面板中设置"粗细"为 1pt，调整该星形到合适的大小和位置，如图 7-83 所示。

图 7-82　绘制多角星形

图 7-83　设置星形效果

02 使用"文本工具"，在画布中单击并输入相应的文字，如图 7-84 所示。使用相同的制作方法，绘制出矩形和三角形，并输入相应的文字，效果如图 7-85 所示。

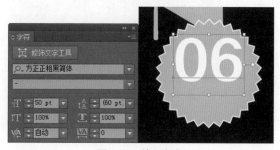

图 7-84　输入文字

图 7-85　图像效果

03 使用"文本工具"，在画布中单击并输入相应的文字，设置文字颜色为 CMYK（0，100，30，0），如图 7-86 所示。使用相同的制作方法，在画布中输入其他文字，如图 7-87 所示。

图 7-86　在画布中输入文字

图 7-87　在画布中输入其他文字

04 使用"矩形工具",设置"填色"为白色,"描边"为无,在画布中绘制一个矩形,如图 7-88 所示。对该矩形进行旋转处理,调整到合适的大小和位置,在"透明度"面板中设置其"不透明度"为 10%,如图 7-89 所示。

图 7-88　绘制白色矩形

图 7-89　旋转矩形并设置不透明度

05 使用"矩形工具",设置"填色"和"描边"均为无,在画布中绘制一个矩形,如图 7-90 所示。同时选中刚绘制的矩形和半透明倾斜的矩形,执行"对象"→"剪切蒙版"→"建立"命令,创建剪切蒙版,输入相应的文字,并对文字进行旋转操作,效果如图 7-91 所示。

图 7-90　绘制矩形

图 7-91　创建剪切蒙版并输入文字

06 使用相同的制作方法,输入相应的文字并置入素材图像,即可完成封底部分内容的制作,完成该时尚杂志封面封底的设计制作。

7.3.3　知识扩展——了解平装书与精装书

随着书籍形式的不断完善,书籍在社会文化生活中的地位更加重要,社会对书籍的需求量也越来越大,然而装订技术和装帧设计艺术开始成为相对独立而又统一的两个方面。

1. 平装书

平装是相对于精装而言的,"平"就是一般、简素、普通。在装订结构上,平装和精装本大致相同,主要区别是装帧材料和设计形式的不同,平装书籍很像包装纸,是在书页的外面包加封面、书脊和封底,这些大多是纸面的。图 7-92 所示为平装书的装帧设计效果。

（a）

（b）

（c）

图 7-92 平装书装帧设计

2．精装书

精装书相对于平装书而言，内页的装订基本相同，但在使用材料上和平装有很大的区别，如使用坚固的材料作为封面，以便更好地保护书页，同时大量使用精美的材料装帧书脊，例如在封面材料上使用羊皮、绒、漆布、绸缎或亚麻等。其在设计形式上也更加考究，书名用金粉、电化铝、漆色或烫印等。从扉页、环衬到内页一般都留白较多，并增加了装饰性的页码。除书籍的封面封底外，有的还增加了护封、函套等。图 7-93 所示为精装书的装帧设计效果。

（a）

（b）

图 7-93 精装书装帧设计

7.4 书籍装帧设计欣赏

完成本章内容的学习，希望读者能够掌握书籍装帧设计的制作方法。本节将提供一些精美的书籍装帧设计模板供读者欣赏，如图 7-94 所示。读者可以动手练习，检验自己是否也能够设计制作出这样的书籍装帧效果。

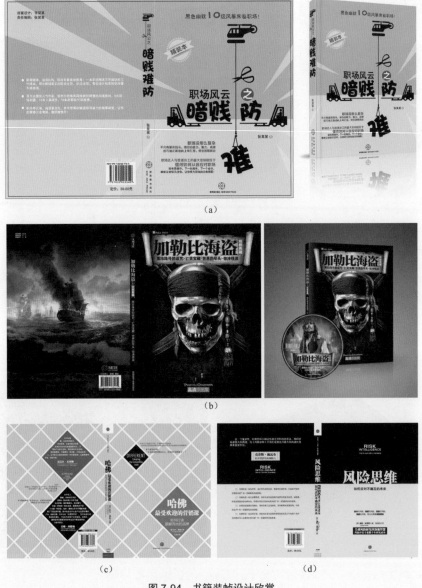

图 7-94　书籍装帧设计欣赏

7.5　本章小结

在书籍装帧设计中，现代技术对其影响特别大，优秀的设计师除了要具备敏锐的观察力和创意构思能力之外，还需要了解现代技术和材料。本章主要介绍了书籍装帧设计的相关知识和内容，并通过书籍装帧案例的设计制作讲解了其制作方法和技巧。完成本章内容的学习，读者需要能够理解并掌握书籍装帧设计的思路和方法，通过案例的练习，逐步提高书籍装帧设计的水平。

第 8 章　杂志画册设计

杂志和画册都是我们日常生活中经常接触到的印刷品，杂志和画册设计的重点在于版式的设计。版式设计也称为版面编排，所谓编排，即在有限的版面空间里，将版面中的文字、图像、线框和颜色等诸多元素根据特定内容的需要进行组合排列，并运用造型要素及形式原理，把构思与元素以视觉形式表达出来。本章将向读者介绍有关杂志和画册版式设计的相关知识，并通过杂志和画册案例的制作，拓展读者在杂志和画册设计方面的思路，使读者能够设计出更精美的杂志和宣传画册作品。

8.1　了解杂志版式设计

杂志设计包括杂志封面设计、杂志版式设计以及杂志广告设计等。所谓杂志的版式设计，即印刷杂志内页的版面设计，是经过多年发展逐渐形成的一种独特的设计领域。杂志版式设计主要针对版面中的图像与文字等设计元素，其目的是将各种元素经过设计师进行精心编辑后，能够更好地体现印刷出版物版面的内容与所要表达的主题。

●●● 8.1.1　杂志版面尺寸

杂志版面的规格是以杂志的开本为准，主要有 32 开、16 开、8 开等，其中 16 开的杂志是最常见的。细心的读者会发现，同样是 16 开的杂志，大小也是不一样的，原因是 16 开的杂志开本，又可以分为正 16 开和大 16 开，这就要求设计师在设计广告作品之前，首先弄清楚杂志的具体版面尺寸。多数情况下，32 开的版面尺寸为 203mm×140mm，8 开的版面尺寸为 420mm×285mm，正 16 开的版面尺寸为 185mm×260mm，大 16 开的版面尺寸为 210mm×285mm，目前我国使用最广泛的是大 16 开的杂志版面尺寸。

●●● 8.1.2　杂志版式设计元素

杂志版式设计是杂志设计中的重要内容之一，版式设计有时比封面设计还要重要，它直接影响到读者的阅读效果，一本好的杂志应该对内文版式的字体、字号、字距、行距以及版心的大小位置等认真推敲，最大限度地满足读者阅读的需要。图 8-1 所示为精美的时尚杂志版式设计效果。

提示 ▶▶ 一般来说，对于多页面、大面积的文本排版，目前应用最为广泛的书报排版软件有 PageMaker、InDesign，还有国内的方正飞腾等。如果排版的图较多，文字较少，可以选用 CorelDraw、Illustrator、InDesign 等排版软件。

(a)   (b)

图 8-1   精美的时尚杂志版式设计

杂志内页版式的设计对象包括版权页、目录、栏目、页码、小标题、引文等，从阅读的顺序来看，依次是图片、大标题、小标题、表格、内文。此外，对于每页或每篇文章的设计更多是从小处着手，设计上主要集中于对图片、标题、正文的处理。

（1）栏目名称。

杂志的信息量越大就越需要简洁、明确的版块栏目，通常栏目名称都放在页面的最上面，每个栏目是否需要不同的色彩则根据杂志的大小而定，关键是要确定一个栏目是采用一个主标题还是采用正副标题，正标题是整个栏目的主题，副标题则是与每页内容相关的标题。

（2）文章标题。

能够刺激读者联想，激发读者兴趣的标题应该可以称为成功的标题，标题可以是著名的图书、影片及歌曲的名称，有时也可以运用一语双关的手法。

（3）小标题。

小标题主要是为了分割长篇文章。小标题有两种，一种是标志着文章下一部分的开始，从设计角度讲，这样的小标题不可以移动；另一种是可以移动的小标题，设计上可以把它插入任何位置，后一种标题的作用是把大块的文章切割开来，标题内容往往是文章内容的摘要。

（4）页码。

页码是杂志中最不可缺少的元素，它的作用是为了便于读者选择阅读。页码的位置不追求特立独行，一般放在每页底部的外端或中间，如果杂志分成不同的栏目版块，也可以把页码放在顶部。

●●● 8.1.3   杂志版式设计元素

杂志设计是一项较为复杂的工作，包含了封面以及内页的设计，其设计程序主要分为以下几步骤。

（1）确定杂志基调。

根据杂志的行业属性、市场定位、受众群体等因素，找出该杂志版面表现的重点，确定杂志的基调。图 8-2 所示为一个时尚个性的男性杂志版式设计。

（2）确定开本形式。

根据杂志的定位，确定合适的开本规格及形式，在行业特性的基础上，结合读者的阅读性与视觉传达设计进行创意和创新。图 8-3 所示为不同开本尺寸的杂志版面。

（a）　　　　　　　　　　　　（b）

图 8-2　时尚个性的男性杂志版式设计

（a）　　　　　　　　　　　　（b）

图 8-3　不同开本尺寸的杂志版面

（3）确定封面的版式风格。

根据杂志定位制定杂志封面的设计风格，刊名的字体设计和封面设计是设计的重点。图 8-4 所示为不同风格杂志的封面设计。

（a）　　　　　　　　　　（b）　　　　　　　　　　（c）

图 8-4　不同风格杂志的封面设计

（4）确定内页的版式风格。

确保内页中各大版块设计风格的统一性，并在此基础上进行版块独特性的创新与设计。字体的大小与内容版块的编排要符合杂志的阅览特性和专业属性，使版块结构更有节奏感，保证阅读的流畅性。图 8-5 所示为不同的内页排版风格。

（a） （b）

图 8-5　不同的内页排版风格

（5）确定图片的类型。

　　根据杂志的主要内容选择主要的图片类型。以适合版面风格，体现版面内容为重点，图片的精度必须保持在 300 dpi 以上，以保证印刷质量。图 8-6 所示为杂志版式设计中精美的图片应用。

（a） （b） （c）

图 8-6　杂志版式设计中精美的图片应用

（6）具体设计。

　　将杂志的主题、形式、材质、工艺等特征进行综合整理，并进行具体设计。设计过程中务必要保证杂志的整体性、可视性、可读性、愉悦性和创造性，从而达到主次分明、流程清晰合理、阅读流畅的视觉效果。图 8-7 所示为不同主题的版式设计。

（a） （b）

图 8-7　不同主题的版式设计

8.2　实战 1：时尚杂志版式设计

　　杂志是一种常见的视觉媒体，也是一种广告媒介。在对杂志版式进行设计时，除了要遵循期刊版式设计的一般规律和美学原则之外，还应该强化版式设计的视觉效果，在编排和设计上保持高格调、高亲和度和令人回味的欣赏价值。图 8-8 所示为本案例所设计的时尚杂志版式的最终效果。

图 8-8　时尚杂志版式的最终效果

8.2.1　设计分析

1. 设计思维过程

图 8-9 所示为本案例所设计的时尚杂志版式的设计思维过程。

（a）通过绘制基本图形与文字相结合，使用"路径查找器"面板制作出变形文字的效果，作为该杂志的标题文字

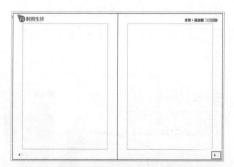

（b）在主页面中制作出页眉部分的标题效果，并分别在左右两页的页脚部分插入页码，完成主页的制作

（c）在正文页的排版处理过程中，通过图文混排构成一种自由、时尚的版面效果，并且通过创建相应的字符和段落样式进行应用，提高排版效率

（d）根据第1页和第2页相同的排版制作方法，还可以完成该杂志中其他内页的排版制作

图 8-9　时尚杂志版式的设计思维过程

2. 设计关键字：主页的应用

杂志具有印刷精美、发行周期长、可反复阅读、令人回味等特点。在本案例所设计的时尚杂志版式中，首先在主页面中制作出杂志内页的页眉和页脚，从而使该杂志所有内页的页眉和页脚统一。在对杂志内页进行排版设计时，要发挥杂志媒体自身的特点，使杂志图文并茂，并且版面设计要清晰、丰富多彩，能够吸引读者。

3. 色彩搭配秘籍：白色、黑色、粉红色

杂志内页多采用白底黑字的组合，这样可以使大篇幅文章更易阅读。本案例所设计的时尚杂志版式使用纯白色作为背景主色调，正文内容则使用黑色，使文字内容更加清晰易读，根据每个页面中所介绍的主题内容的不同，选择一至两种彩色进行搭配，使版面的表现更加活跃、时尚，其配色如图8-10所示。

RGB（255，255，255）　　　　RGB（0，0，0）　　　　RGB（244，180，208）

CMYK（0，0，0，0）　　　　CMYK（0，0，0，100）　　　　CMYK（0，40，0，0）

（a）　　　　　　　　　（b）　　　　　　　　　（c）

图 8-10　时尚杂志版式的配色设置

视频

8.2.2　制作步骤

源文件：源文件\第8章\时尚杂志版式.indd　视频：视频\第8章\时尚杂志版式.mp4

Part 1：在主页中制作页眉和页脚

01 打开 InDesign，执行"文件"→"新建"→"文档"命令，弹出"新建文档"对话框，设置如图 8-11 所示，单击"边距和分栏"按钮，弹出"新建边距和分栏"对话框，设置如图 8-12 所示。

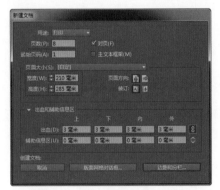

图 8-11　设置"新建文档"对话框

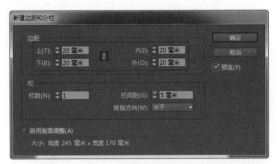

图 8-12　设置"新建边距和分栏"对话框

提示 ▶▶ 本案例所设计的杂志版式是按照标准的大 16 开版面尺寸进行设计，页面实际成品尺寸为 210mm×285mm，新建 8 个页面，共 4 个对页，在新建时需要为每个对页的 4 边各预留 3mm 出血，便于印刷后的裁切操作。

02 单击"确定"按钮，新建空白文档。打开"页面"面板，双击"页面"面板中的"A-主页"选项，如图 8-13 所示，进入主页的编辑状态，如图 8-14 所示。

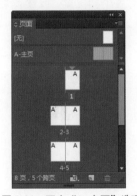

图 8-13　双击"A-主页"选项

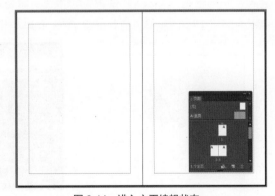

图 8-14　进入主页编辑状态

提示 ▶▶ 在对书籍、杂志等多页出版物进行排版处理时，每个页面中都需要对页眉和页码等内容进行排版处理。通过 InDesign 的主页功能，可以将每个页面相同的内容设计到主页中，可以将主页应用于其他普通页面，这样就可以大大提高工作效率。

03 使用"矩形工具"，设置"填色"为白色，"描边"为无，沿着出血线绘制一个白色的矩形，如图 8-15 所示。将刚绘制的矩形锁定，使用"椭圆工具"，设置"填色"为 CMYK（0，100，0，0），"描边"为无，按住 Shift 键，在左侧页面左上角绘制圆形，如图 8-16 所示。

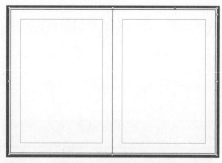

图 8-15　绘制白色矩形

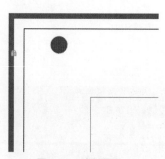

图 8-16　绘制圆形

04 选中刚绘制的圆形，在"控制"栏中设置其"不透明度"为 40%，效果如图 8-17 所示。按住 Alt 键拖动复制圆形，调整到合适的大小和位置，设置复制得到圆形的"不透明度"为 70%，如图 8-18 所示。

图 8-17　设置圆形的不透明度

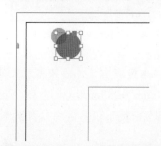

图 8-18　复制圆形并调整大小和位置

05 使用相同的制作方法，再次复制该圆形，调整到合适的大小和位置，设置其"不透明度"为 100%，如图 8-19 所示。使用"文字工具"，在画布中绘制文本框并输入文字，如图 8-20 所示。

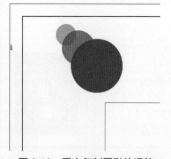

图 8-19　再次复制圆形并调整

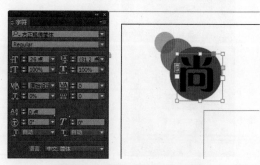

图 8-20　绘制文本框并输入文字

06 选中刚输入的文字，执行"文字"→"创建轮廓"命令，将文字创建轮廓，使用"直接选择工具"，将相应的文字锚点删除，如图 8-21 所示。使用"椭圆工具"，在画布中绘制一个圆形，如图 8-22 所示。

图 8-21 删除不需要的文字路径　　　　图 8-22 绘制黑色圆形

07 使用"矩形工具"，在画布中绘制一个任意颜色的矩形，如图 8-23 所示。使用"多边形工具"，在画布中绘制一个任意颜色的三角形，如图 8-24 所示。同时选中刚绘制的矩形与三角形，执行"窗口"→"对象和版面"→"路径查找器"命令，打开"路径查找器"面板，单击"相加"按钮，得到箭头图形，如图 8-25 所示。

图 8-23 绘制矩形　　　　图 8-24 绘制三角形　　　　图 8-25 单击"相加"按钮

提示 ▶▶▶ 默认情况下，使用"多边形工具"在画布中拖动鼠标绘制出的是六边形，如果需要设置所绘制的多边形边数，可以双击工具箱中的"多边形工具"按钮，在弹出的"多边形设置"对话框中可以设置所需要绘制的多边形边数。

08 将箭头图形旋转 45°并调整至合适的位置，如图 8-26 所示。同时选中圆形和箭头图形，单击"路径查找器"面板上的"减去"按钮，效果如图 8-27 所示。

图 8-26 旋转箭头图形并调整位置　　　　图 8-27 单击"减去"按钮得到需要的图形

09 同时选中圆形和文字路径，如图 8-28 所示。单击"路径查找器"面板上的"减去"按钮，效果如图 8-29 所示。

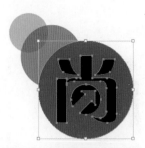

图 8-28　选中圆形和文字路径　　　　图 8-29　单击"减去"按钮得到图形效果

10 使用相同的制作方法，可以制作出杂志标题文字的效果，如图 8-30 所示。使用"直线工具"，设置"填色"为无，"描边"为 CMYK（0，100，0，0），按住 Shift 键在画布中绘制水平直线，如图 8-31 所示。

图 8-30　杂志标题文字效果　　　　　　　图 8-31　绘制水平直线

提示 ▶▶▶ 根据"尚"文字变形的制作，可以发现 InDesign 中文字变形处理方法与 Illustrator 中的文字变形处理方法基本相同，都是将文字创建轮廓后删除多余的锚点，再绘制相应的图形结合路径查找器进行操作。

11 选中刚绘制的直线，打开"描边"面板，对相关选项进行设置，效果如图 8-32 所示。执行"对象"→"效果"→"渐变羽化"命令，弹出"效果"对话框，设置如图 8-33 所示。

图 8-32　将实线设置为虚线效果　　　　图 8-33　设置"渐变羽化"效果选项

提示 ▶▶▶ 在设置"渐变羽化"效果时，在"效果"对话框中无法更改渐变色标的颜色，只可以调整黑色与白色之间的范围，还可以通过"不透明度"选项来设置色标的不透明度。

12 单击"确定"按钮，完成"效果"对话框的设置，为直线应用"渐变羽化"效果，如图 8-34 所示。使用相同的制作方法，在右侧页面右上角输入文字，设置文字颜色为 CMYK（0，0，0，90），如图 8-35 所示。

图 8-34 应用"渐变羽化"的效果　　　　　　　　　图 8-35 输入文字

13 使用"矩形工具",设置"填色"为 CMYK(0,10,0,0),"描边"为无,在画布中绘制矩形,如图 8-36 所示。使用"添加锚点工具"在矩形路径两侧各添加一个锚点,使用"直接选择工具",选中刚添加的两个锚点,将其向右移动,效果如图 8-37 所示。

图 8-36 绘制矩形　　　　　　　　　　　　图 8-37 添加锚点并调整

14 选中刚绘制的图形,按住 Alt 键拖动复制该图形,设置复制得到图形的"填色"为 CMYK(0,20,0,0),如图 8-38 所示。使用相同的制作方法,可以完成该部分图形效果的制作,如图 8-39 所示。

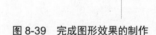

图 8-38 复制图形并修改填充颜色　　　　　　图 8-39 完成图形效果的制作

15 使用"文字工具",在左侧页面左下角位置绘制文本框,执行"文字"→"插入特殊字符"→"标志符"→"当前页码"命令,插入页码,如图 8-40 所示。按住 Alt 键拖动复制该文本框,将复制得到的文本框调整至右侧页面右下角位置,如图 8-41 所示。

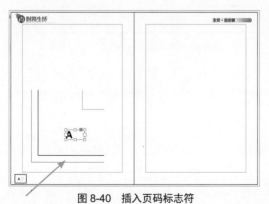

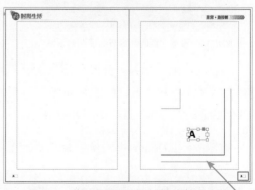

图 8-40 插入页码标志符　　　　　　图 8-41 拖动复制页码标志符至相应的位置

提示 ▶▶ 在主页中添加的页码标志符可以自动更新，这样就可以确保多页出版物中的第一页上都能够显示出正确的页码。

Part 2：制作杂志正文内容页

01 在"页面"面板中双击页面 1，返回正文页编辑状态，在"页面"面板菜单中取消"允许文档页面随机排布"复选框的勾选，如图 8-42 所示。在"页面"面板中拖动页面，将所有页面排列成对页，如图 8-43 所示。

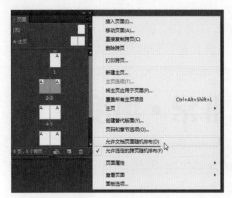

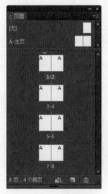

图 8-42　取消"允许文档页面随机排布"复选框的勾选　　　图 8-43　将页面排成对页

02 执行"版面"→"页码和章节选项"命令，弹出"页码和章节选项"对话框，设置如图 8-44 所示。单击"确定"按钮，可以看到页码的效果，如图 8-45 所示。

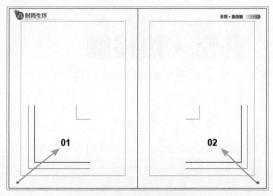

图 8-44　设置"页码和章节选项"对话框　　　图 8-45　自动显示当前页码

03 执行"文件"→"置入"命令，置入素材图像"源文件\第 8 章\素材\8201.tif"，调整到合适的大小和位置，如图 8-46 所示；置入素材图像"源文件\第 8 章\素材\8202.tif"，调整到合适的大小和位置，如图 8-47 所示。

提示 ▶▶ InDesign 中的所有对象都放置在框架中，默认情况下，在 InDesign 页面中都会显示对象的框架边框，在查看页面效果时，对象框架边框可能会影响到页面显示的效果，可以按快捷键 Ctrl+H，即可隐藏框架边框，如果需要再次显示框架边框，可以再次按快捷键 Ctrl+H。

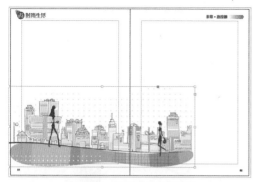

图 8-46　置入背景素材图像　　　　　图 8-47　置入人物素材图像

04 将置入的素材图像锁定，使用"文字工具"，在画布中绘制文本框并输入文字，如图 8-48 所示。执行"窗口"→"样式"→"段落样式"命令，打开"段落样式"面板，单击"创建新样式"按钮，新建段落样式。双击新建的段落样式，弹出"段落样式选项"对话框，在左侧列表中选择"基本字符格式"选项，设置如图 8-49 所示。

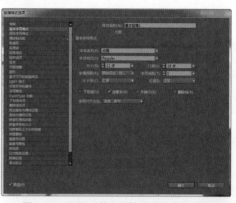

图 8-48　绘制文本框并输入文字　　　　图 8-49　设置"基本字符格式"相关选项

05 在左侧列表中选择"缩进和间距"选项，设置如图 8-50 所示。在左侧列表中选择"字符颜色"选项，设置如图 8-51 所示。

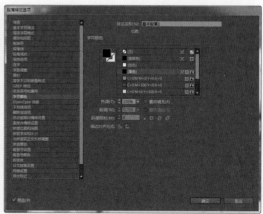

图 8-50　设置"缩进和间距"相关选项　　　图 8-51　设置"字符颜色"相关选项

06 单击"确定"按钮,完成"段落样式选项"对话框的设置。选中刚输入的段落文字,在"段落样式"面板中单击"基本段落 1"样式,应用该样式,效果如图 8-52 所示。使用"矩形工具",设置"填色"为 CMYK(0, 40, 0, 0),"描边"为无,在画布中绘制粉红色矩形,如图 8-53 所示。

图 8-52　为文字应用段落样式

图 8-53　绘制粉红色矩形

> 提示 ▶▶ 如果选中整个文本框架,单击"段落样式"面板中的某个样式,则可以为该文本框架中的所有文本内容应用该样式;如果需要为文本框架中的某一部分文字应用样式,则需要使用"文字工具"在该文本框架中选中需要应用样式的部分文字后再应用样式。

07 将刚绘制的矩形锁定,使用"椭圆工具",设置"填色"为黑色,"描边"为无,在画布中绘制圆形,如图 8-54 所示。使用"文字工具",在画布中绘制文本框并输入文字,设置文字颜色为白色,如图 8-55 所示。

图 8-54　绘制黑色圆形

图 8-55　输入文字并设置文字属性

08 使用相同的制作方法,可以在画布中绘制出相应的图形并输入文字,效果如图 8-56 所示。使用"文字工具",在画布中绘制文本框并输入文字,如图 8-57 所示。

图 8-56　绘制图形并输入文字

图 8-57　绘制文本框并输入文字

09 打开"段落样式"面板，新建段落样式。双击新建的段落样式，弹出"段落样式选项"对话框，在左侧列表中选择"基本字符格式"选项，设置如图 8-58 所示。在左侧列表中选择"缩进和间距"选项，设置如图 8-59 所示。

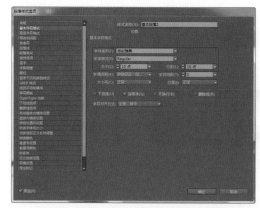

图 8-58 设置"基本字符格式"相关选项

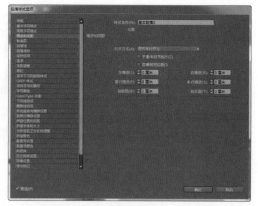

图 8-59 设置"缩进和间距"相关选项

10 在左侧列表中选择"字符颜色"选项，设置如图 8-60 所示。单击"确定"按钮，完成"段落样式选项"对话框的设置，选中刚输入的段落文字，在"段落样式"面板中单击"基本段落2"样式，应用该样式，效果如图 8-61 所示。

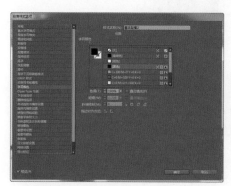

图 8-60 设置"字符颜色"相关选项

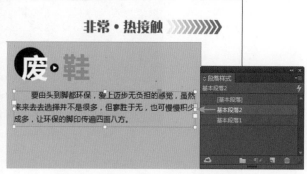

图 8-61 为文字应用"基本段落 2"样式

11 执行"文件"→"置入"命令，置入素材图像"源文件\第 8 章\素材\8203.tif"，调整到合适的大小和位置，如图 8-62 所示。选中置入的图像，设置其"描边"颜色为白色，打开"描边"面板，对相关选项进行设置，效果如图 8-63 所示。

图 8-62 置入素材图像

图 8-63 设置描边效果

⑫使用"文字工具"，在画布中绘制文本框并输入文字，如图 8-64 所示。打开"字符样式"
面板，单击"创建新样式"按钮，新建字符样式，双击新建的字符样式，弹出"字符样式选项"
对话框，在左侧列表中选择"基本字符格式"选项，设置如图 8-65 所示。

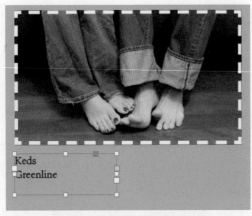

图 8-64　绘制文本框并输入文字

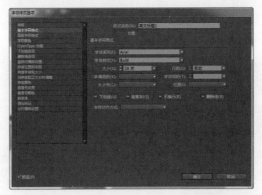

图 8-65　设置字符样式中的基本字符格式

⑬在左侧列表中选择"字符颜色"选项，设置如图 8-66 所示。单击"确定"按钮，完成"字
符样式选项"对话框的设置，选中刚输入的文字，在"字符样式"面板中单击"英文标题 1"样式，
应用该样式，效果如图 8-67 所示。

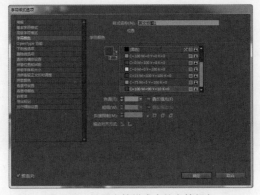

图 8-66　设置字符样式中的字符颜色

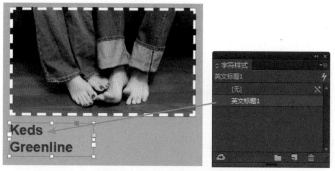

图 8-67　为文字应用字符样式

14 使用"文字工具"，在画布中绘制文本框并输入文字，为所输入的段落文字应用"基本段落 2"样式，效果如图 8-68 所示。使用相同的制作方法，可以完成该页面中其他内容的制作，效果如图 8-69 所示。

图 8-68　输入段落文字并应用段落样式

图 8-69　完成该内页中其他内容的排版制作

●●● 8.2.3　知识扩展——杂志媒体的优势

杂志与报纸一样，有普及性的、也有专业性的。但就整体而言，它比报纸针对性要强，它具有社会科学、自然科学、历史、地理、医疗卫生、农业、机械和文化教育等种类，还有针对不同年龄、不同性别的杂志，可以说是分门别类，非常丰富。

杂志没有报纸那样的快速性、广泛性和经济性的优势，然而它有着自身的优势，主要表现在以下几个方面。

　　（1）细分化媒体。

　　"定位准确，专业性强"是杂志媒体的一大特点。杂志是面向特定目标对象的细分化媒体，例如摄影类杂志，该杂志的读者几乎都是专业的摄影人员或摄影爱好者。同时，这些人又都是摄影和器材的目标消费群体。因此，在杂志中投放广告命中率比较高。如果某一杂志的读者群和某一产品的目标对象一致，它自然将成为该产品比较理想的广告投放媒体。

　　（2）媒介品质较高。

　　杂志广告是所有平面广告中最精美的。由于杂志的图片质量较高，因而增加了杂志信息传达的感染力，丰富了信息传达的手段，这是报纸所没有的优势。现在有很多人看杂志，其实就是在看图片，很多人收藏杂志也正是这个原因。有很多杂志，翻开里面的内容几乎全是广告，但人们依然乐此不疲地购买，这正是因为杂志广告的图片是非常精美的。通过高质量的、细腻又精美的图片，可以给消费者很强的视觉冲击力，并留下深刻的印象，最终促使其购买，图 8-70 所示为精美的杂志广告图片。

（a）　　　　　　　　　　　　（b）　　　　　　　　　　　　（c）

图 8-70　精美的杂志广告图片

　　（3）传阅率和反复阅读率高。

　　杂志的生命周期长，此外，一本好的杂志经常在同事、朋友间相互传阅，也是常有的事情。所以，杂志信息可以多次接触消费者，让消费者快速记忆，因此它是理解度较高的媒体。

　　（4）付费媒体。

　　十分重要的一点，杂志是个人出钱购买的读物，读者较为主动地接受信息，也会比较主动地接受杂志广告所传达的信息。另一方面，购买杂志文化层次较高的人群多于文化层次较低的人群。所以，一些高档产品的广告，似乎刊登在杂志上更有效一点。例如汽车、数码产品、服装、其他奢侈品等。

8.3　了解宣传画册设计

　　在现代商务活动中，画册在企业形象的推广和产品营销中的作用越来越重要，宣传画册可以展示企业的文化、传达企业的理念、提升企业的品牌形象，可以说企业宣传画册起着沟通桥梁的作用。

●●● **8.3.1　宣传画册的分类**

一本优秀的画册是宣传企业形象、提升企业品牌价值、打造企业影响力的媒介，企业宣传画册主要可以分为 3 种类型，即展示型、问题型和思想型。

1. 展示型宣传画册

展示型宣传画册主要用来展示企业的优势，非常注重企业的整体形象，画册的使用周期一般为一年。图 8-71 所示为展示型宣传画册。

　（a）　　　　　　　　　　　　　　（b）

图 8-71　展示型宣传画册

2. 问题型宣传画册

问题型宣传画册主要用来解决企业的营销问题和品牌知名度等，适合于发展快速、新上市、需转型或出现转折期的企业，比较注重企业的产品和品牌理念，画册的使用周期较短。图 8-72 所示为问题型宣传画册。

　（a）　　　　　　　　　　　　　　（b）

图 8-72　问题型宣传画册

3. 思想型宣传画册

思想型宣传画册一般出现在领导型企业，比较注重的是企业思想的传达，画册的使用周期为一年。图 8-73 所示为思想型宣传画册。

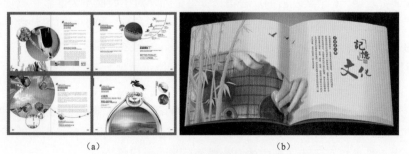

　（a）　　　　　　　　　　　　　　（b）

图 8-73　思想型宣传画册

提示 ▶▶ 宣传画册易邮寄、归档，携带方便，有折叠（对折、三折、四折等）、装订、带插袋等形式，大小常为32开、24开、16开。在宣传画册的设计过程中，也可以根据信息容量、客户需求、设计创意等具体情况自订尺寸。

●●● 8.3.2 宣传画册的版面构成特点

宣传画册可以建立受众对企业（组织、产品等）的第一印象，能否把客户的优越性、益处淋漓尽致地表现出来，打动受众是非常关键的。设计师要针对人性特点，使用各种手段着力情感诉求，以情感人，以情动人，以利诱人，引领受众由看到读，然后判断决定。事实证明，干巴巴的空泛宣传不可能有效激发受众的情绪和欲求。

1. 图片

图片好坏是决定宣传画册成败的重要因素，图片风格前后一致，并注意与企业形象要求、相关设计风格相吻合。其中表现产品的大小比例要一致，这样设计出来的版面系统、规律、严谨、易读。图8-74所示为在画册中使用精美图片。

2. 文字

文字选择要符合企业（或产品）特点，或时尚，或古典，或高档，基本字体的运用要保持一致，产品的名称可以使用粗体或另一种字体进行强调。说明文字的排列可以位于图片旁边，也可以置于其他位置，只要与图片对应的标号相同，顾客也就一目了然，版面颜色不宜过多，否则会降低宣传内容本身的吸引力。图8-75所示为画册中清晰直观的文字排版。

图8-74　在画册中使用精美图片

图8-75　画册中清晰直观的文字排版

3. 广告语

心理学研究表明，6个字左右的广告语诱读性最强，对于版面不大的宣传画册，版面中过多的广告文字只会平添疲倦，减弱记忆。为了增强版面诱读性，设计时可以把广告内容分解于宣传画册的各个版面，使它们产生连续系列效果，引导读者依序阅读并始终保持耐心和兴趣，让宣传内容以逐步渗透的形式进入读者心中。图8-76所示为画册中的广告语设计。

4. 多个版面的统一

宣传画册通常有多个版面，它们之间需要能够相互呼应，并能够建立起整体和谐的视觉效果。排版中，同一张图片的变化使用，布局、装饰手法的一致，同一背景图案的贯穿等都是行之有效的方法。图8-77所示为画册中的多个版面保持统一风格。

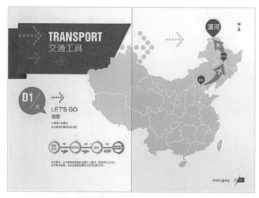

图 8-76　画册中的广告语设计

图 8-77　画册中的多个版面保持统一风格

8.3.3　折页画册的版式设计要求

版式设计就是在版面上将有限的视觉元素进行有机的排列组合，将理性思维个性化地表现出来，是一种具有个人风格和艺术特色的视觉传达方式。

版式设计的要求有很多，针对画册与折页主要表现在以下几个方面。

1. 主题鲜明突出

版式设计的最终目的是使版面产生清晰的条理性，通过赏心悦目的版式设计来更好地突出主题，达到最佳诉求效果。按照主从关系的顺序，使主体形象占据视觉中心，以充分表达主题思想。将文案中的多种信息作整体编排设计，有助于主体形象的建立。在主体形象四周增加空白量，可使被强调的主题形象更加鲜明和突出，如图 8-78 所示。

（a）　　　　　　　　　　　　　　　　　　　（b）

图 8-78　主题突出的版式设计

2. 形式与内容统一

版式设计的前提是版式所追求的完美形式必须符合主题的思想内容。通过完美和新颖的形式表达主题，如图 8-79 所示。

3. 强化整体布局

将版面的各种编排要素在编排结构及色彩上作整体设计。加强整体的结构组织和方向视觉秩序，如水平结构、垂直结构、斜向结构和曲线结构。加强文案的集合性，将文案中的多种信息合成块状，使版面具有条理性。加强展开页的整体性，无论是产品目录的展开版，还是跨页版, 均为统一视线下的展示。加强版面设计的整体性可以使版面获得良好的视觉效果, 如图 8-80 所示。

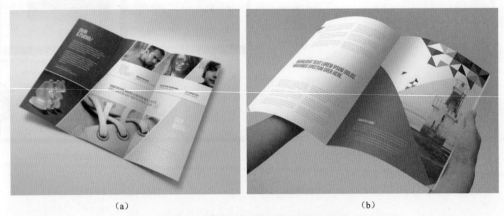

(a)   (b)

图 8-79 通过完美和新颖的形式表达主题

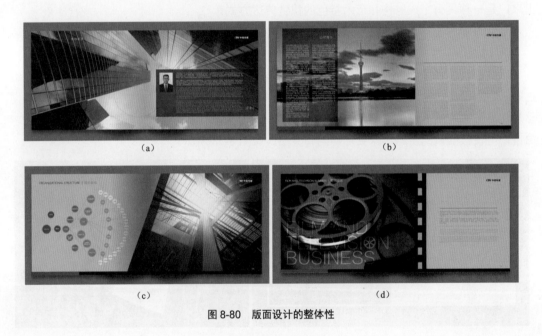

图 8-80 版面设计的整体性

8.4 实战 2: 设计企业宣传画册

宣传画册是使用频率较高的印刷品之一, 内容包括单位、企业、商场介绍, 文艺演出、美术展览内容介绍、企业产品广告样本、年度报告、交通旅游指南等多种形式。本节所设计的宣传画册, 通过绘制不规则图形来对企业画册做整体布局, 随后通过置入相关素材和输入主题文字完成对折页内容的填充, 从整体上塑造出简洁、严谨的感觉。图 8-81 所示为本案例所设计的企业宣传画册的最终效果。

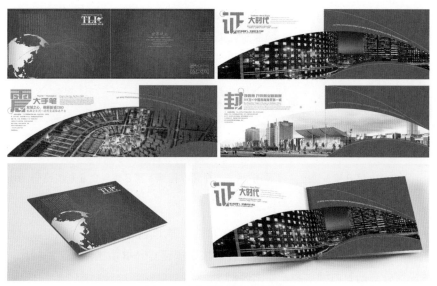

图 8-81　企业宣传画册的最终效果

●●● 8.4.1　设计分析

1. 设计思维过程

图 8-82 所示为企业宣传画册的设计思维过程。

通过蓝色背景的制作和金黄色素材的置入，为企业折页封面塑造了大气、简洁的效果

（a）

通过对不同文字段落的布局，页面中的重点区域一目了然

（b）

使用曲线对页面进行构图，页面平滑过渡，顺其自然

（c）

绘制的线条和输入文字与构图紧密相连，相辅相成

（d）

图 8-82　企业宣传画册的设计思维过程

2. 设计关键字：简洁与不规则构图

本案例设计制作的是关于一个企业的宣传画册，企业所要对外宣传的是企业的性质和精神理念，在这幅画册中，无论是对字体颜色选择还是对页面的整体构图都体现了简洁这一特点。

画册制作上的简洁能反映一个企业严谨的商业理念和严肃的商业态度，不规则图形构图可以为画册增添了活力。

3. 色彩搭配秘籍：蓝色、黄色、白色

本案例的色彩很好地突出了企业画册所要表达的主题，蓝色占据画册颜色的大部分，它代表的是一种理想、广阔与深沉，应用于企业画册要传达的是企业厚重的文化底蕴、远大抱负和广阔的视野。本案例中使用的黄色是金黄色，它所代表的是一种辉煌与财富，应用于企业再合适不过。白色背景在案例中可以更好地突出文字和图片，其配色如图 8-83 所示。

RGB（0，82，137）
CMYK（100，50，0，30）
（a）

RGB（165，135，33）
CMYK（43，47，100，0）
（b）

RGB（255，255，255）
CMYK（0，0，0，0）
（c）

图 8-83　企业宣传画册的配色设置

视频

8.4.2　制作步骤

源文件：源文件 \ 第 8 章 \ 企业宣传画册 .ai　　视频：视频 \ 第 8 章 \ 企业宣传画册 .mp4

Part 1：制作企业宣传画册封面

01 打开 Illustrator，执行"文件"→"新建"命令，弹出"新建文件"对话框，设置如图 8-84 所示，单击"确定"按钮，新建一个空白文件。按快捷键 Ctrl+R，显示出文件标尺，从标尺中拖出参考线，区分画册封面和封底，如图 8-85 所示。

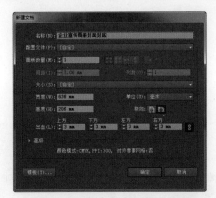

图 8-84　设置"新建文件"对话框

图 8-85　拖出参考线划分封面和封底

02 使用"矩形工具"，设置"描边"为无，在画布中绘制矩形，设置渐变颜色，为矩形填充径向渐变颜色。复制刚绘制的矩形并调整到合适的位置，如图 8-86 所示。执行"文件"→"置入"命令，置入相关素材，并分别调整到合适的大小和位置，如图 8-87 所示。

图 8-86　绘制矩形并填充径向渐变颜色

图 8-87　置入素材图像并进行调整

03 使用"钢笔工具"，设置"填色"为无，"描边"为 CMYK（25，45，0，0），"粗细"为 0.75pt，在画布中绘制曲线，如图 8-88 所示。使用相同的制作方法，可以绘制出多条曲线效果，如图 8-89 所示。

图 8-88　绘制曲线

图 8-89　绘制多条曲线

04 使用"文字工具"，设置"填色"为 CMYK（0，18，100，19），"描边"为无，在画布中单击并输入文字，如图 8-90 所示。使用"文字工具"，在画布中绘制文本框并输入文字，打开"段落"面板，设置段落文字居中对齐，如图 8-91 所示。

图 8-90　输入文字

图 8-91　输入段落文字并居中对齐

05 使用"钢笔工具"，设置"填色"为无，"描边"为 CMYK（0，50，100，0），"粗细"为 0.5pt，在画布中绘制曲线，如图 8-92 所示。使用相同的制作方法，可以绘制出多条曲线效果，如图 8-93 所示。

图 8-92　绘制曲线

图 8-93　绘制多条曲线

06 使用"文字工具"，在画布中拖动鼠标绘制文本框，打开"段落"面板，设置段落文字"全部两端对齐"，如图 8-94 所示。使用"文字工具"，在文本框中输入相应的段落文字，如图 8-95 所示。

图 8-94　绘制文本框并设置"段落"面板

图 8-95　输入相应的段落文字

07 完成企业宣传画册封面和封底的设计制作，可以看到画册封面和封底的效果，如图 8-96 所示。

图 8-96　完成画册封面和封底的制作

Part 2：制作企业宣传画册内页

01 执行"文件"→"新建"命令，弹出"新建文件"对话框，设置如图 8-97 所示，单击"确定"按钮，新建一个空白文件。按快捷键 Ctrl+R，显示出文件标尺，从标尺中拖出参考线，区分画册封面和封底，如图 8-98 所示。

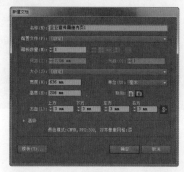

图 8-97　设置"新建文件"对话框

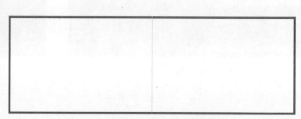

图 8-98　拖出参考线划分封面和封底

02 使用"矩形工具"，设置"填色"为 CMYK（100，50，0，30），"描边"为无，在画布中绘制矩形。使用"钢笔工具"，设置"填色"和"描边"均为无，在画布中绘制路径，如图 8-99 所示。置入相应的素材图像，将其后移一层，同时选中刚绘制的路径和置入的素材图像，如图 8-100 所示。

图 8-99　绘制矩形并绘制路径

图 8-100　同时选中素材图像和路径

03 执行"对象"→"剪切蒙版"→"建立"命令，创建剪切蒙版，如图 8-101 所示。使用"椭圆工具"，设置"填色"为无，"描边"为 CMYK（0，18，100，35），"粗细"为 2pt，在画布中绘制圆形。使用"文字工具"，在画布中单击并输入文字，如图 8-102 所示。

图 8-101　创建剪切蒙版

图 8-102　绘制圆形并输入文字

04 将文字创建轮廓，使用"直线段工具"，在画布中的合适位置绘制一条线段，同时选中文字路径和绘制的直线段，如图 8-103 所示。打开"路径查找器"面板，单击"分割"按钮，取消编组，将不需要的图形部分删除，如图 8-104 所示。

图 8-103　同时选中文字路径和直线段

图 8-104　删除不需要的图形

05 使用"直线段工具"，设置"描边"颜色为 CMYK（0，18，100，35），"粗细"为 0.5pt，在画布中绘制一条直线段，如图 8-105 所示。使用"多边形工具"，设置"填色"为 CMYK（0，18，100，35），"描边"为无，在画布中绘制三角形，如图 8-106 所示。

图 8-105　绘制直线段

图 8-106　绘制三角形

06 使用"文字工具"，对文字的相关属性进行设置，在画布中输入相应的文字，如图 8-107 所示。打开"段落样式"面板，单击"创建新样式"按钮，新建名为"英文介绍"的段落样式，如图 8-108 所示。

图 8-107　输入文字

图 8-108　新建段落样式

07 双击"英文介绍"段落样式，弹出"段落样式选项"对话框，对相关选项进行设置，如图 8-109 所示。使用"文字工具"，设置"填色"为 CMYK（25，40，65，0），"描边"为无，在画布中单击输入段落文字，并应用刚刚创建的段落样式，如图 8-110 所示。

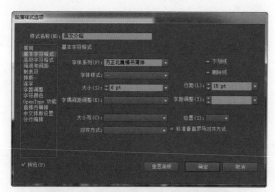

图 8-109 设置"段落样式选项"对话框

图 8-110 输入段落文字

08 使用"钢笔工具",设置"填色"为无,"描边"为白色,"粗细"为 1pt,在画布中绘制两条曲线,如图 8-111 所示。使用"钢笔工具",设置"填色"和"描边"均为无,在画布中绘制曲线,使用"路径文字工具",在刚绘制的路径上单击并输入路径文字,如图 8-112 所示。

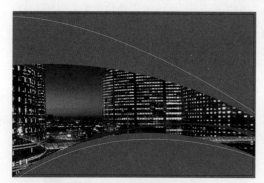

图 8-111 绘制两条曲线

图 8-112 输入路径文字

09 选中路径文字,打开"变换"面板,单击"选项"按钮,在弹出菜单中分别选择"垂直翻转"和"水平翻转"选项,对文字进行翻转处理,如图 8-113 所示。使用"矩形工具",设置"填色"和"描边"均为无,在画布中绘制矩形路径。选中画布中所有对象,执行"对象"→"剪切蒙版"→"建立"命令,创建剪切蒙版,如图 8-114 所示。

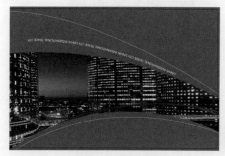

图 8-113 翻转文字

图 8-114 绘制矩形并创建剪切蒙版

10 使用相同的制作方法,还可以制作出该企业宣传画册中的其他内页,如图 8-115 所示。

图 8-115 完成其他内页的制作

11 完成该企业宣传画册的设计制作。

●●● 8.4.3 知识扩展——宣传画册的设计要求

企业宣传画册不仅要体现企业及企业产品的特点，也要美观。通过宣传画册可以让公众了解有关企业的发展战略及未来前景，以及企业的理念，还有助于提升企业的品牌力量。

优秀的画册都具备一定的特点，在设计企业宣传画册时一定要注意这些特点的把握。

1. 好的主题

确定宣传画册和折页的主题是设计画册的第一步，主题主要是对企业发展战略的提炼，没有好的主题，画册就会变得很单调和机械。

2. 好的架构

有了好的架构就好像是一部电影有能够吸引人的故事情节，能够吸引人们去观赏。

3. 出色的创意

创意不仅仅用在海报和广告上，好的创意符合宣传画册和折页的表现策略。图 8-116 所示为独特创意的画册设计。

(a)

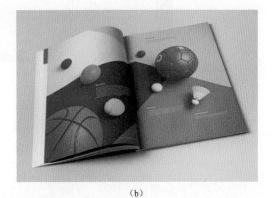

(b)

图 8-116 独特创意的画册设计

4. 完美的版式

版式就好像是人们的衣服似的,人人都追求时尚和潮流,版式也要吸纳一些国际化的元素。图 8-117 所示为画册设计中个性化的版式设计。

5. 精美的图片

在企业宣传画册和折页的设计中,常常会使用到许多有关企业或产品的图片,这些摄影图片的好处直接影响制作的画册和折页的质量,好的图片可以引人入胜,让人浮想联翩。图 8-118 所示为画册设计中的精美图片。

图 8-117　画册设计中个性化的版式设计

图 8-118　画册设计中的精美图片

8.5　画册折页设计欣赏

完成本章内容的学习,希望读者能够掌握画册折页的设计制作方法。本节将提供一些精美的画册折页设计模板供读者欣赏,如图 8-119 所示。读者可以试着练习,检验自己是否也能够设计制作出这样的画册折页。

图 8-119　画册折页设计欣赏

8.6　本章小结

　　画册折页是我们在日常生活中经常接触到的宣传印刷品之一，通过画册和折页，能够有效地宣传企业文化和产品。本章主要介绍了画册和折页设计的相关知识和设计要点，并通过案例的制作讲解了宣传画册和折页的设计制作方法。完成本章内容的学习，读者需要能够理解宣传画册与折页的设计要点和表现方法，并能够设计出不同风格精美的宣传画册与折页。

第9章　包装设计

当今世界经济的迅猛发展，极大地改变了人们的生活方式和消费观念，也使得包装深入人们的日常生活中。在众多的商品中，包装本身就是一种传达商品信息的载体，无言地回应顾客的所有询问。在浩瀚的商海中，企业为使产品增强竞争力，想方设法在包装上下功夫，以保持一种独占鳌头的态势。因此，包装设计也就成为市场销售竞争中重要的一环。本章将介绍包装设计的相关知识，并通过产品包装的案例制作，拓展读者在包装设计方面的思路，使其能够设计出更精美的产品包装。

9.1　了解包装设计

包装是产品由生产转入市场流通的一个重要环节。包装设计是包装的灵魂，是包装成功与否的重要因素。激烈的市场竞争不但推动了产品与消费的发展，同时不可避免地推动了企业战略的更新，其中包装设计也被放在市场竞争的重要位置上。

●●● 9.1.1　包装设计概述

包装设计的作用是为了保护商品、美化商品、宣传商品，也是一种提高产品商业价值的技术和艺术手段。

包装设计包含了设计领域中的平面构成、立体构成、文字构成、色彩构成及插图、摄影等，是一门综合性很强的设计专业学科。包装设计又是和市场流通结合最紧密的设计，设计的成败完全依赖于市场的检验，所以市场学、消费心理学，始终贯穿在包装设计之中。图9-1所示为精美的产品包装设计。

（a）　　　　　　　　　　（b）

图9-1　精美的产品包装设计

提示 ▶▶ 在工业高度发达的今天，包装设计应该做到物有所值，档次定位明确，否则必然招到消费者的反感和抵触。因此，一方面，包装设计师应该具备良好的职业道德水准和全方位的设计素质；另一方面，包装设计还需要考虑环境保护的问题，应该朝绿色化奋力迈进。

9.1.2　常见包装分类

包装是为了商品在流通过程中保护产品、方便储运和促进销售，而按一定技术方法采用材料或容器对物体进行封包，并加以适当的装潢和标识工作的总称。

商品种类繁多，形态各异、五花八门，其功能作用、外观内容也各有千秋。所谓内容决定形式，包装也不例外。为了区别商品可以按以下方式对包装进行分类。

1. 按形态性质分类

按形态性质分类，可以将商品包装分为单个包装、内包装、集合包装、外包装等。图 9-2 所示分别为商品单个包装和集合包装的设计效果。

（a）单个包装　　　　　　　　　　（b）集合包装

图 9-2　单个包装和集合包装设计

2. 按包装作用分类

按包装作用分类，可以将商品包装分为流通包装、储存包装、保护包装、销售包装等。图 9-3 所示分别为商品销售包装和流通包装的设计效果。

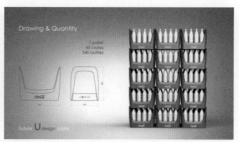

（a）销售包装　　　　　　　　　　（b）流通包装

图 9-3　商品销售包装和流通包装设计

3. 按使用材料分类

按使用材料分类，可以将商品包装分为木箱包装、瓦楞纸箱包装、塑料类包装、金属类包装、玻璃和陶瓷类包装、软性包装和复合包装等。图 9-4 所示分别为塑料包装和纸盒包装的设计效果。

（a）塑料包装　　　　　　　　　　　　　（b）纸盒包装

图 9-4　塑料包装和纸盒包装设计

4．按包装产品分类

按包装产品分类，可以将商品包装分为食品包装、药品包装、纤维织物包装、机械产品包装、电子产品包装、危险品包装、蔬菜瓜果包装、花卉包装和工艺品包装等。图 9-5 所示分别为食品包装和药品包装的设计效果。

（a）食品包装　　　　　　　　　　　　　（b）药品包装

图 9-5　食品包装和药品包装设计

5．按包装方法分类

按包装方法分类，可以将商品包装分为防水包装、防锈包装、防潮式包装、开放式包装、密闭式包装、真空包装和压缩包装等。图 9-6 所示分别为防水包装和密闭式包装的设计效果。

（a）防水包装　　　　　　　　　　　　　（b）密闭式包装

图 9-6　防水包装和密闭式包装设计

6．按运输方式分类

按运输方式分类，可以将商品包装分为铁路运输包装、公路运输包装和航空运输包装等。

9.1.3 包装设计要点

商品的包装设计必须要避免与同类商品雷同，设计定位要针对特定的购买人群，要在独创性、新颖性和指向性上下功夫，下面为大家总结一些商品包装设计的要点。

1. 形象统一

设计同一系列或同一品牌的商品包装，在图案、文字、造型上必须给人以大致统一的印象，以增加产品的品牌感、整体感和系列感，当然也可以采用某些色彩变化来展现包装中物体的不同性质，以此吸引相应的顾客群。图 9-7 所示的系列产品包装，在设计中都采用了相同的设计风格，只是在色彩和背景图像的处理上有所区别。

| (a) | (b) | (c) |

图 9-7 系列产品包装设计

2. 外形独特

包装的外形设计必须根据其内容物的形状和大小、商品文化层次、价格档次和消费者对象等多方面因素进行综合考虑，并做到外包装和内容物设计形式的统一，力求符合不同层次顾客的购买心理，使他们容易产生商品的认同感。如高档次、高消费的商品要尽量设计得造型独特、品位高雅，大众化的、廉价的商品则应该设计得符合时尚潮流和能够迎合普通大众的消费心理。图 9-8 所示为独特的包装外形设计。

| (a) | (b) | (c) |

图 9-8 独特的包装外形设计

3. 图形设计要富有创意

包装设计采用的图形可以分为具象、抽象与装饰 3 种类型，图形设计内容可以包括品牌形象、产品形象、应用示意图、辅助性装饰图形等多种形式。

图形设计的信息传达要准确、鲜明、独特。具象图形真实感强，容易使消费者了解商品内容；抽象图形形式感强，其象征性容易使顾客对商品产生联想；装饰性图形则能够出色表现商品的某些特定文化内涵。图 9-9 所示为富有创意的包装图形设计。

（a）   （b）

图 9-9　富有创意的包装图形设计

4．文字标识清晰

应该根据商品的销售定位和广告创意要求对包装的字体进行统一设计，同时还要根据国家对有关商品包装设计的规定，在包装上标示出应有的产品说明文字，如商品的成分、性能和使用方法等，还必须附有商品条形码。

5．配色合理

商品包装的色彩设计要注意特别针对不同商品的类型和卖点，使顾客可以从日常生活积累的色彩经验中自然而然地对该商品产生视觉心理认同感，从而达成购买行为。

6．材料环保

在设计包装时应该从环保的角度出发，尽量采用可以自然分解的材料，或通过减少包装耗材来降低废弃物的数量，还可以从提高包装设计的精美和实用角度出发，使包装设计向着可被消费者作为日常生活器具加以二次利用的方向发展。

7．编排构成

将上述外形、图形、色彩、文字、材料等包装设计要素按照设计创意进行统一的编排、整合，以形成整体的、系列的包装形象，如图 9-10 所示。

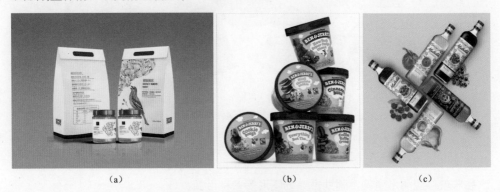

（a）   （b）   （c）

图 9-10　包装版面的整体编排设计

9.2　实战 1：设计纸巾盒包装

本案例为纸巾盒设计包装，根据产品的性质和人们的需要，设计出非常具有创意和使用价值的包装样式，既美观又方便人们使用。深红色径向渐变的填充，更加突出主题图形。色彩在设计中具有重要的价值，可以表达思想和情趣。设计师如能把握好色彩可以创造美好包装产品，丰富我们的生活。图 9-11 所示为本案例所设计的纸巾盒包装的最终效果。

图 9-11　纸巾盒包装的最终效果

●●● 9.2.1　设计分析

1. 设计思维过程

图 9-12 所示为纸巾盒包装的设计思维过程。

 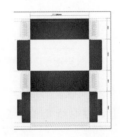  

使用"矩形工具"等基本绘图工具绘制出包装盒展开效果的各部分	置入素材，通过混合模式与剪切蒙版操作，制作出包装盒上的花纹效果	通过置入素材和输入文字，并且使用"镜像工具"可以完成包装盒正面部分的制作	最后完成包装盒底部内容的制作，得到最终的包装盒效果
（a）	（b）	（c）	（d）

图 9-12　纸巾盒包装的设计思维过程

2. 设计关键字：渐变颜色填充的应用

包装盒设计一定要用辅助线帮助定位，使用标尺准确控制盒型属性。本案例中使用了径向渐变方式填充图形，使画面的中心点更加突出，新颖别致；绘制路径中，虚线部分是要"压痕"和"折叠"的部分，文字的排版和颜色的搭配，都围绕着主题部分创建。

3. 色彩搭配秘籍：紫色、浅黄色、黄色

本案例的色彩搭配采用了紫色径向渐变的形式，它含有红的个性，又有蓝的特征，突出了画面的主题部分。包装色彩设计要特别注意针对不同产品的类型和卖点，使顾客可以从日常生活经验中对该商品产生视觉心理认同感，从而达到购买行为。纸巾盒的配色设置如图 9-13 所示。

RGB（153，26，96）
CMYK（47，100，40，0）

(a)

RGB（255，230，134）
CMYK(0，10，55，0)

(b)

RGB（252，223，178）
CMYK(3，17，34，0)

(c)

图 9-13　纸巾盒的配色设置

●●●● 9.2.2　制作步骤

源文件：源文件＼第 9 章＼纸巾盒包装 .ai　　视频：视频＼第 9 章＼纸巾盒包装 .mp4

Part 1：制作包装结构图

01 打开 Illustrator，执行"文件"→"新建"命令，弹出"新建文件"对话框，对相关选项进行设置，如图 9-14 所示。单击"确定"按钮，新建空白文件。测量包装盒各部分的尺寸，从文件标尺中拖出参考线，确定包装盒各部分，如图 9-15 所示。

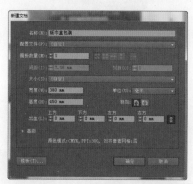

图 9-14　设置"新建文件"对话框

图 9-15　拖出参考线划分包装盒各部分

提示 ▶▶ 纸板是用作包装的主要材料，纸板价格便宜，易生产和加工，适合印刷工艺，并能回收利用。纸盒包装按结构可以分为折叠纸盒、粘贴纸盒和瓦楞纸箱 3 类。

02 使用"矩形工具"，设置"描边"为无，在画布中绘制矩形，打开"渐变"面板，为矩形填充径向渐变，如图 9-16 所示。使用"钢笔工具"，设置"填色"值为 CMYK（1，6，15，0），"描边"为无，在画布中绘制路径图形，如图 9-17 所示。

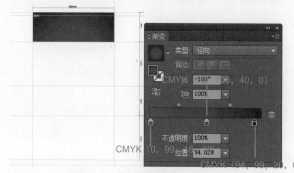

图 9-16　绘制矩形并填充径向渐变

图 9-17　绘制路径图形

03 使用"直线段工具",打开"描边"面板,设置参数,在画布中绘制虚线,如图 9-18 所示。使用相同的制作方法,绘制虚线图形,将所绘制图形和虚线编组。使用"镜像工具",镜像复制图形,如图 9-19 所示。

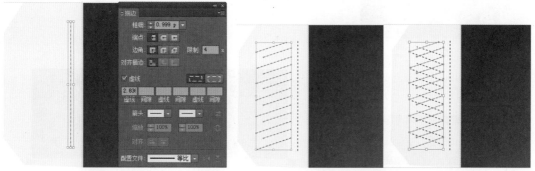

图 9-18　绘制虚线　　　　　　　图 9-19　绘制多条虚线并进行镜像复制

04 使用相同的制作方法,可以制作出另外一边粘口的效果,如图 9-20 所示。使用相同的制作方法,在画布中绘制图形,并为该图形填充径向渐变颜色,如图 9-21 所示。

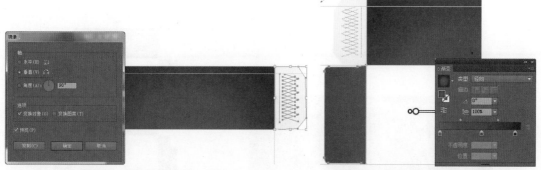

图 9-20　镜像复制得到另一边粘口　　　　　　图 9-21　绘制图形并填充径向渐变颜色

05 选中刚绘制的图形,使用"镜像工具",镜像复制图形,如图 9-22 所示。使用相同的制作方法,可以绘制出包装盒各部分的基础图形效果,如图 9-23 所示。

图 9-22　镜像复制图形　　　　　　　图 9-23　完成包装盒基础绘制

Part2:制作主体部分

01 执行"文件"→"置入"命令,置入素材文件"源文件\第9章\素材\9204.ai",设置"混合模式"为"叠加",效果如图 9-24 所示。使用"矩形工具",设置"填色"和"描边"均为无,在画布中绘制矩形路径,如图 9-25 所示。

图 9-24　置入素材并设置混合模式

图 9-25　绘制矩形

02 同时选中刚绘制的路径和花纹素材,执行"对象"→"剪切蒙版"→"建立"命令,创建剪切蒙版,如图 9-26 所示。使用相同的制作方法,可以为包装盒各部分添加花纹背景效果,如图 9-27 所示。

图 9-26　创建剪切蒙版效果

图 9-27　为其他部分添加花纹背景

03 使用相同的制作方法,置入相应的素材图像,并分别调整素材到合适的大小和位置,如图 9-28 所示。使用"文字工具",在画布中单击并输入相应的文字,如图 9-29 所示。

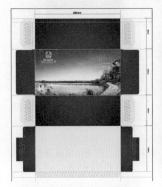

图 9-28　置入素材图像

图 9-29　输入文字

04 使用"钢笔工具"，设置"填色"为无，"描边"为黑色，打开"描边"面板，设置参数，在画布中绘制虚线图形，如图 9-30 所示。使用"文字工具"，设置"填色"值为 CMYK（0，10，55，0），在画布中单击输入文字，对文字进行旋转操作，如图 9-31 所示。

图 9-30　绘制虚线图形

图 9-31　输入文字并旋转

提示 ▶▶ 包装盒设计中的虚线图形是"压痕"和"折叠"的部分，实线部分是"模切"的轮廓，绘制出的图形比包装盒整体的尺寸扩大 3mm，避免裁切的误差。

05 使用相同的制作方法，可以绘制出直线并输入相应的文字，如图 9-32 所示。同时选中相应的文字和直线，使用"镜像工具"，对选中的内容进行镜像复制，如图 9-33 所示。

图 9-32　绘制直线并输入文字

图 9-33　对直线和文字进行镜像复制

06 使用相同的制作方法，置入相应的素材，并使用"文字工具"在画布中输入相应文字，如图 9-34 所示。使用"镜像工具"，通过镜像复制的方法制作出包装盒另一面的内容，如图 9-35 所示。

图 9-34　置入素材图像并输入文字

图 9-35　对相应的内容进行镜像复制

07 使用相同的制作方法，可以完成包装盒底部内容的制作，如图 9-36 所示。完成包装盒各部分内容的制作后，可以看到包装盒的整体效果，如图 9-11 所示。

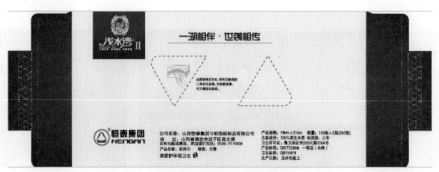

图 9-36　完成底部内容制作

● ● ● 9.2.3　知识扩展——纸盒包装的一般制作流程

使用纸板等纸制品所制作的包装盒都可以统称为纸盒包装，纸盒包装的质量好坏，不仅仅与设计和印刷工艺的好坏有关，还与包装的造型和制作工艺有关。纸盒包装的一般制作工艺流程为：材料→制版、印刷→表面加工→模切、压模→制盒。

1. 材料

一般选用印刷效果良好、适合所包商品的材料，要求不高的可以使用黄板纸、牛皮纸或白板纸等作为承印材料。要求高的可以在这些材料上裱贴铜版线等较好的纸张，印刷油墨也要根据包装的物品选用耐光、耐磨、耐油、耐药品或无毒的油墨。

2. 制版、印刷

可以采用凸版、平版、凹版或柔性版印刷。现在以平版印刷为主，凸版印刷的效果好、色调鲜明、光泽性好，但是凸版印刷的工艺繁杂，不如平版印刷简单。

3. 表面加工

根据需要可以在印刷包装盒的过程中在包装盒表面粘贴薄膜、涂蜡以及压箔、击凸、烫印等工艺。表面加工的步骤需要根据包装盒的需要进行添加，并不是所有的包装盒都需要进行表面加工。

4. 模切、压模

模切版制版较好的方法是用胶合板制作模切板材。先将包装盒图样转移到胶合板上，用线锯沿切线和折线锯缝，再把模切和折缝刀线嵌入胶合板，制成模切版，其具有版轻、外形尺寸准确和便于保存等优点。

也可以使用计算机控制，激光制模切版，把纸盒的尺寸、形状和纸板克重输入计算机，然后由计算机控制激光移动，在胶合板上刻出纸盒的全部切线的折线，最后嵌入刀线。

制作模切版的工艺流程为："绘制包装盒图样"→"绘制拼版设计图"→"复制拼版设计图移至胶合板上"→"钻孔和锯缝"→"嵌线"→"制作模切板阴模板"。

模切压痕机一般是平压式，能自动给纸、自动划切、自动收纸，一般速度为 1800 ~ 3600

张 / 小时。模切压痕机除了可以用于模切外，还可以用于冷压凹凸、烫印平的凹凸电化铝以及热压凹凸。

5. 制盒

用制盒机折叠做成纸盒形状，即完成了包装盒的制作。

> **提示** ▶▶ 瓦楞纸箱一般用柔性版印刷，同时进行压线、刷胶或用铁丝订，做成箱子的形状，一般是平面折叠旋转，使用时拉开成纸箱形。

9.3　包装设计的创意表现形式

包装设计首先在创意上抓住了重点，接下来用什么样的方法去表现这些重点也是非常重要的环节，也就是我们所说的，应该想方设法去表现商品或其某种特点。因为任何事物都具有一定的特殊性及与其他事物具有一定的相关性，所以如果要表现一种事物或某一个对象，就有两种基本方法：一是直接表现事物的一定特征；二是间接地借助于和该事物有关的其他事物来表现该事物。前者称为直接表现法，后者称为间接表现法或借助表现法。

9.3.1　直接表现法

直接表现法是指表现重点是内容物本身，包括表现其外观形态、用途、用法等。下面介绍几种最常用的直接表现法。

1. 摄影的表现手法

直接将彩色或黑白的摄影图片使用到商品包装设计中，很多食品包装常采用此类表现手法。图 9-37 所示为使用摄影表现手法的食品包装设计。

（a）　　　　　　　　　　　　　　　　（b）

图 9-37　使用摄影表现手法的食品包装设计

2. 绘画的表现手法

绘画可以采用写实、归纳及夸张的手法来表现，其中，归纳的手法是对主体形象加以简化处理。对于形体特征较为明显的主体，经过归纳概括，使主体形象的主要特征更加清晰。图 9-38 所示为使用绘画表现手法的包装设计。

(a) (b)

图 9-38　使用绘画表现手法的包装设计

3. 包装盒开窗的手法

开窗的表现手法能够直接向消费者展示商品的形象、色彩、品种及质地等，使消费者从心理上产生对商品放心、信任的感觉。开窗的形式及部位可以是多种多样的，可以借用透明处呈现出的商品形态来结合包装，使包装具有更好的视觉效果。图 9-39 所示为使用包装开窗表现手法的包装设计。

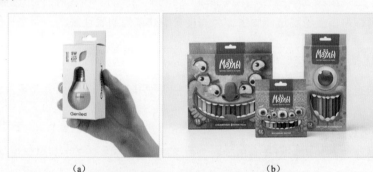

(a) (b)

图 9-39　使用包装开窗表现手法的包装设计

4. 透明包装的手法

采用透明包装材料与不透明包装材料相结合来对商品进行包装，以便向消费者直接展示商品。该包装手法的效果及作用与开窗式包装基本相同，食品的包装设计采用此类方法最多，特别是液体类饮品使用最多。图 9-40 所示为使用透明包装表现手法的包装设计。

(a) (b)

图 9-40　使用透明包装表现手法的包装设计

5. 其他辅助性表现手法

除了以上介绍的 4 种直接表现商品的手法可以独立运用外，还可以运用一些辅助性表现手法为包装设计服务，这些表现手法可以起到烘托主体、渲染气氛、锦上添花的作用。需要切记，作为辅助性烘托主体形象的表现手法，在处理中不能喧宾夺主。图 9-41 所示为使用其他辅助性表现手法的包装设计。

（a）　　　　　　　　　　　　　（b）

图 9-41　使用其他辅助性表现手法的包装设计

9.3.2　间接表现法

间接表现法是通过较为含蓄的手法来传递商品信息的，即包装画面上不直接表现商品本身，而是采取借助其他与商品相关联的事物（如商品所使用的原料、生产工艺特点、使用对象、使用方式或商品功能等）来间接表现该商品。间接表现法在构思上往往用于表现内容物的某种属性、品牌或意念等。

有些商品无法进行直接表现，例如，香水、酒、洗衣粉等，这就需要使用间接表现法来处理。同时许多以直接表现法进行包装设计的商品，为了求得新颖、独特、多变的表现效果，往往也在间接表现上求新、求变。间接表现法有联想法和寓意法，其中，寓意法又包括比喻法和象征法。

1. 联想法

联想法是借助某种形象符号来引导消费者的认识向一定的方向集中，由消费者在自己头脑中产生的联想来补充包装画面上所没有直接交代的东西，这也是一种由此及彼的表现方法。人们在观看一件商品的包装设计时，并不只是简单地视觉接受，而是会产生一定的心理活动。

图 9-42 所示为一款儿童油漆产品的包装设计，包装设计主要以突出品牌的表现为主，直接使用该油漆的颜色作为包装的主色调，在包装的上部绘制简单的几何图形，与商品包装的手提把相结合能够表现出卡通笑脸图形，使人联想到儿童天真、欢乐的笑脸，包装设计简洁而富有趣味性。

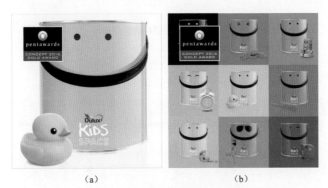

（a）　　　　　　　　　　　　　（b）

图 9-42　使用联想法的包装设计

2．寓意法

寓意法包括比喻、象征两种手法。寓意法是对不易直接表现的主题内容进行间接表现的一种方法，该方法不仅能使画面更加生动、活泼，而且能够丰富画面的样式，让商品更能吸引顾客。图 9-43 所示为使用寓意法的包装设计。

　　　　　　　（a）　　　　　　　　　　　　　　　　（b）

图 9-43　使用寓意法的包装设计

比喻法是借他物比此物的手法，比喻法所采用的比喻成分必须是大多数人所共同了解的具体事物、具体形象，这就要求设计者具有比较丰富的生活知识和文化修养。比喻法是通过表现商品内在的"意"，即表现商品精神属性上的某种特征来传达商品的一种表现手法。

图 9-44 所示为一款酒类商品的包装设计，在中国传统文化中，"锦鲤"象征着吉祥如意的美好祝愿，该款酒类商品的瓶身采用红白相间的图案设计，外包装盒设计非常简洁，在纯白色的包装盒部分镂空为鱼的形状与盒内的瓶身图案相结合，表现出"锦鲤"的形状，形与意的结合使商品表现出美好的祝愿，非常形象。

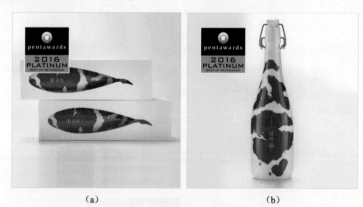

　　　　　　　（a）　　　　　　　　　　　　　　　　（b）

图 9-44　使用象征法的包装设计

●●● 9.3.3　其他表现方式

除了可以采用直接表现法和间接表现法之外，在包装设计中还可以互相结合使用。另外，还可以采用特写的手法，以局部表现整体的手法使主体的特点得到更加集中的表现。

图 9-45 所示为"百事可乐"猴年纪念罐的包装设计，罐身上的猴脸图案使用"百事可乐"品牌固有的红、白、蓝三种颜色进行设计，以京剧脸谱为灵感来源，使整个包装设计富有很强的中国文化特色。

图 9-46 所示为"乐事薯片"的一款包装设计，在常规的包装设计基础上添加了卡通猴脸的局部图案，表现了中国传统文化，同时也使得商品包装更富有趣味性。

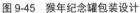

图 9-45　猴年纪念罐包装设计

图 9-46　薯片纪念款包装设计

另外，在间接表现手法上，还有不少包装，尤其是一些高档礼品包装、化妆品包装、药品包装等，往往不直接采用联想或寓意的手法，而是以纯粹装饰性的手法进行表现。采用纯粹装饰性的手法时，也应该注意装饰的一定倾向性，用这种倾向性来引导观者的感受。图 9-47 所示为使用纯粹装饰性手法的包装设计。

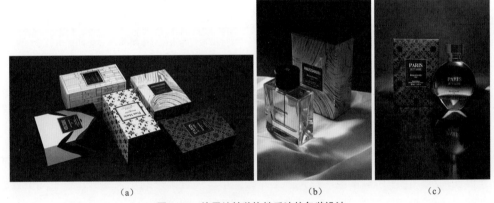

（a）　　　　　　　　　　　（b）　　　　　　　　　　　（c）

图 9-47　使用纯粹装饰性手法的包装设计

　　提示 ▶▶ 包装设计创意需要从商品、消费者和销售三个方面加以全面推敲研究，使设计最后达到良好的识别性、强大的吸引力和说服力，即具有清晰突出的视觉效果、明朗准确的内容表达和严肃可信的商品质量感受，这是包装设计的最终目的。

9.4　实战 2：设计手提袋

手提袋是一种颇为常见的印刷品，是流动广告宣传中常用的手段之一。大多数企业、商业、房地产商都会制作大量的各种类型的手提袋来宣传形象、扩大影响。本节将通过一个房地产手提袋的设计制作向读者介绍手提袋的制作方法。图 9-48 所示为本案例所设计的手提袋的最终效果。

(a)   (b)

图 9-48　手提袋最终效果

●●● 9.4.1　设计分析

1. 设计思维过程

图 9-49 所示为手提袋的设计思维过程。

新建文件，从标尺中拖出参考线定位手提袋的各部分，并且标注出各部分的尺寸

（a）

绘制椭圆形并进行调整，将椭圆形旋转复制多次，绘制出花朵图形，将花朵图形调整到不同的大小和位置

（b）

在手提袋的中间位置，使用色块图形与文字内容相结合，表现出主体宣传内容，简洁、大方

（c）

使用相同的制作方法，可以完成该手提袋其他各部分内容的制作

（d）

图 9-49　手提袋的设计思维过程

2. 设计关键字：渐变颜色填充的应用

手提袋的设计与产品包装设计的中心思想是一样的，为了宣传相关的产品或企业形象。本案例所设计的手提袋正反面采用了不同的设计，同样都是为了营造出欢乐、开心的氛围。手提袋的正面使用纯白色作为背景色，在背景上点缀大小、位置不一的花朵图形，在中间位置放置该企业的 Logo，看起来简洁、大方，能够突出企业形象，达到企业宣传的目的。

3. 色彩搭配秘籍：黄色、橙色、黄绿色

本案例所设计的手提袋使用黄色和橙色作为主色调，暖色调能够给人温暖的感觉，运用高纯度的暖色调搭配，还可以给人充满活力、年轻时尚的感觉。本案例中还应用了黄绿色，表现出青春的气息，黄绿色与黄色和橙色相搭配时，可以得到鲜明且丰富的效果。手提袋的配色设置如图 9-50 所示。

RGB（250，190，0）
CMYK（0，30，100，0）

（a）

RGB（240，131，0）
CMYK（0，60，100，0）

（b）

RGB(163，196，32)
CMYK（43，6，97，0）

（c）

图 9-50　手提袋的配色设置

9.4.2 制作步骤

源文件：源文件\第9章\手提袋.ai 视频：视频\第9章\手提袋.mp4

视频

Part 1：绘制手提袋主体图形

01 打开 Illustrator，执行"文件"→"新建"命令，弹出"新建文件"对话框，设置如图 9-51 所示，单击"确定"按钮，新建一个空白文件。按快捷键 Ctrl+R，显示出文件标尺，从标尺中拖出参考线，定位手提袋各部分尺寸，如图 9-52 所示。

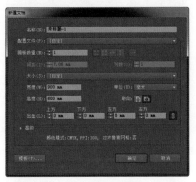

图 9-51 设置"新建文件"对话框

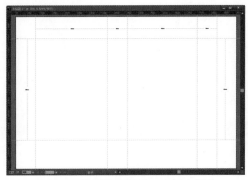

图 9-52 拖出参考线划分手提袋各部分

提示 ▶▶ 本案例所设计的手提袋成品的尺寸为 290mm×400mm，手提袋的侧面宽度为 80mm，因为设计时是按照手提袋的展开图进行设计的，所以在设计之前必须清楚手提袋的各部分尺寸，使用参考线标注出手提袋的各部分位置，并标注好尺寸，这样在设计的过程中才不会出现尺寸的误差。

02 将画布中所有的对象锁定，使用"矩形工具"，设置"填色"为白色，"描边"为无，在画布中沿着参考线绘制矩形，如图 9-53 所示。将刚绘制的白色矩形锁定，使用"椭圆工具"，设置"填色"为 CMYK（0，30，100，0），"描边"为无，在画布中绘制椭圆形，如图 9-54 所示。

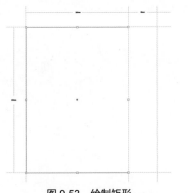

图 9-53 绘制矩形

图 9-54 绘制椭圆形

03 使用"转换锚点工具"，分别在椭圆形的上下两个锚点上单击，将平滑锚点转换为直角锚点，如图 9-55 所示。使用"旋转工具"，将旋转中心点向下移至合适的位置，如图 9-56 所示。按住 Alt 键在旋转中心点单击，弹出"旋转"对话框，设置如图 9-57 所示。

> **提示** ►► 使用"转换锚点工具"在平滑锚点上单击，可以将平滑锚点转换为直角锚点；使用"转换锚点工具"在直角锚点上单击并拖动鼠标，可以将直角锚点转换为平滑锚点，并在平滑锚点的两侧显示方向线。

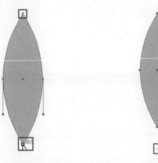

图 9-55　转换为直角锚点　　　　图 9-56　调整旋转中心点　　　　图 9-57　设置"旋转"对话框

04 单击"复制"按钮，得到旋转复制的图形，如图 9-58 所示。使用相同的制作方法，将图形旋转复制多次，选中组成花瓣的所有图形，按快捷键 Ctrl+G 将其编组，效果如图 9-59 所示。

图 9-58　旋转复制图形　　　　　　　　图 9-59　多次旋转复制图形并编组

05 复制编组的图形，执行"编辑"→"贴在前面"命令，将复制得到的图形等比例缩小并进行旋转操作，修改复制得到图形的"填色"为 CMYK（0，15，100，0），如图 9-60 所示。使用相同的制作方法，再次复制该图形并进行相应的调整，效果如图 9-61 所示。

图 9-60　复制图形等比例缩小并修改颜色　　　　图 9-61　图形效果

06 选中所绘制的图形，按快捷键 Ctrl+G 将其编组，将刚刚编组的图形复制两次，并分别调整到合适的大小和位置，如图 9-62 所示。使用"矩形工具"，设置"填色"和"锚边"均为无，在画布中绘制矩形，如图 9-63 所示。

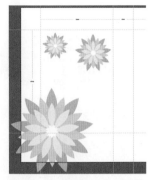

图 9-62　复制图形并分别调整

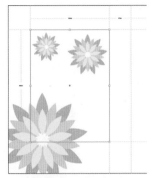

图 9-63　绘制矩形

07 同时选中刚绘制的矩形和 3 个编组图形，执行"对象"→"剪切蒙版"→"建立"命令，创建剪切蒙版，效果如图 9-64 所示。将该图形锁定，使用"矩形工具"，设置"填色"为 CMYK（0，100，0，0），"描边"为无，在画布中绘制矩形，如图 9-65 所示。

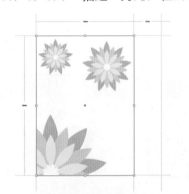

图 9-64　创建剪切蒙版

图 9-65　绘制矩形

08 使用"直接选择工具"，对矩形上的锚点进行调整，改变矩形的形状，效果如图 9-66 所示。使有相同的制作方法，在画布中绘制其他颜色的矩形并分别进行调整，效果如图 9-67 所示。

图 9-66　调整矩形形状

图 9-67　绘制矩形并分别进行调整

09 使用"星形工具"，设置"填色"为白色，"描边"为无，在画布中绘制五角星形，如图 9-68 所示。选中刚绘制的五角星形，使用"自由变换工具"，切换到"透视扭曲"功能，对星形进行透视调整，效果如图 9-69 所示。

图 9-68　绘制五角星形

图 9-69　对星形进行透视调整

> **提示** ▶▶　在 Illustrator 中，"自由变换工具"提供了 3 种工作模式，分别为"自由变换""透视扭曲"和"自由扭曲"。在"自由变换"模式中，可以对对象进行缩放和旋转等变换操作，如果单击选中"限制"按钮，则只能等比例缩放对象或以 45° 为增量旋转对象；在"透视扭曲"模式中，可以在水平和垂直方向上对对象进行透视调整；在"自由扭曲"模式中，可以将对象在任意方向上进行扭曲调整。

10 使用相同的制作方法，可以绘制出其他的星形效果，如图 9-70 所示。使用"文字工具"，在画布中单击并输入文字，设置文字颜色为白色，效果如图 9-71 所示。

图 9-70　绘制其他星形效果

图 9-71　输入文字

11 使用"钢笔工具"，设置"填色"为白色，"描边"为无，在画布中绘制图形，如图 9-72 所示。使用相同的制作方法，在画布中输入其他文字，并绘制直线，如图 9-73 所示。

图 9-72　绘制形状图形

图 9-73　输入文字并绘制直线

> **提示** ▶▶　在使用"钢笔工具"绘制图形时，按住 Alt 键即可暂时将"钢笔工具"切换到"转换锚点工具"，松开 Alt 键后，即可恢复"钢笔工具"绘图模式。

Part 2：绘制手提袋侧面和背面

01 使用"矩形工具"，设置"填色"为 CMYK（0，60，100，0），"描边"为无，在画布中绘制矩形，如图 9-74 所示。使用相同的制作方法，可以完成该部分内容的制作，效果如图 9-75 所示。

图 9-74 绘制矩形

图 9-75 完成侧面内容制作

02 使用相同的制作方法，可以完成手提袋另外一面的设计制作，效果如图 9-76 所示。选中制作好的手提袋侧面，按住 Alt 键复制图形，将其移至合适的位置，制作出手提袋另一个侧面，效果如图 9-77 所示。

图 9-76 完成另一面内容制作

图 9-77 完成侧面内容制作

Part 3：制作手提袋辅助区域和模切

01 从标尺中拖出参考线定位该手提袋的勒口、包底和糊口的位置，如图 9-78 所示。使用"矩形工具"，设置"填色"为 CMYK（0，60，100，0），"描边"为无，在画布中手提袋包底的位置绘制矩形，如图 9-79 所示。

图 9-78 拖出参考线

图 9-79 绘制手提袋底部矩形

提示 ▶▶ 此处拖出参考线定位勒口、包底和糊口的位置，勒口位于手提袋的上部，高度为 50mm；包底位于手提袋的底部，高度为 65mm；糊口位于手提袋的左侧，宽度为 20mm。

02 使用"矩形工具"，设置"填色"为白色，"描边"为黑色，分别在手提袋勒口和糊口的位置绘制矩形，如图 9-80 所示。将画布中所有的对象锁定，使用"钢笔工具"，根据绘制的手提袋绘制模切形状，并把需要折叠的地方使用虚线表示，在需要打孔的位置绘制圆形，将绘制好的模切形状移至手提袋的旁边，如图 9-81 所示。

图 9-80　绘制手提袋粘口矩形

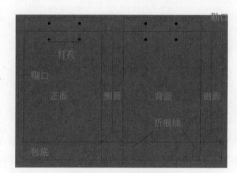

图 9-81　制作模切形状

03 完成该手提袋的设计制作，最终效果如图 9-48 所示。

●●● 9.4.3　知识扩展——手提袋设计要点

手提袋要求实用、牢固，有一定耐磨损和承重能力，所以在印刷制作的时候，要考虑选用克重比较大的纸张，并且要使用高强度的黏合剂，在手提袋底部和提绳扣眼处一般都要衬比较厚的纸板来加固，扣眼处距离开上口边缘不少于 20mm。

以一个正面宽度 290mm、高度 400mm、侧面宽度 80mm 的正度对开手提袋为例说明。

整体页面高度计算方法：正面高度 400mm + 勒口（上口）50mm + 包底（下口）65mm + 6mm（上下边出血各 3mm）= 521mm。

手提袋侧面宽度为 80mm，通常粘贴宽度为 30 ~ 80mm，所以包底高度要大于侧面宽度的一半以上才可以粘贴。如果包底部分需要制成满底色，那么就要做满包底部分粘贴口，具体尺寸根据需要粘贴的宽度确定。例如，本案例中侧面宽度为 80mm，希望粘贴宽度为 60mm，那么实际包底的宽度就是 70mm。

整体页面宽度计算方法：正面 290mm ＋背面 290mm ＋侧面 80mm×2（有两个侧面）＋一侧 20mm 糊口＋6mm（左右边各出血 3mm）＝ 766mm。

宽度的计算是一个严格的计算方法，实际上糊口一侧只需要画面出血就可以，不必再考虑 3mm 的出血，可以直接借用边角线部分的纸张。图 9-82 所示是按照严格计算方法制作的（不含边角线），如果含边角线的尺寸则高度和宽度各加 6mm，即 772mm×527mm。

外框深蓝色部分为整体页面的出血边，左侧白色为纸色糊口边（不需要做图案或颜色）。在该糊口边的右侧还有一条出血边，这是正面画面的左侧出血，因为有部分在糊口，要粘贴起来，所以有效画面的左侧需要出血边 3~5mm，画面右边正常留 3mm 出血边。上方有 8 个黑色小圆点，表示提绳的扣眼。页面上蓝色虚线表示折痕线。图 9-83 所示为手提袋各部分的详细尺寸及名称说明。

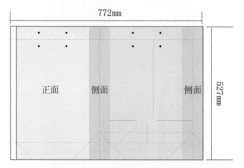

图 9-82　手提袋展开尺寸

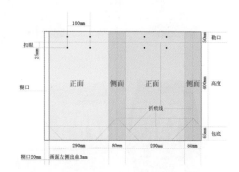

图 9-83　手提袋各部分详情尺寸说明

理论上应该严格按照各部分尺寸制作，包括在包底和勒口部分制作满色或满图。而在实际工作中，往往不需要严格按照各部分尺寸进行制作，只需要制作出手提袋的正面、背面和侧面即可，在送印刷厂印刷制作时，印刷厂会将勒口、包底部分以纸色进行制作，如图 9-84 所示。

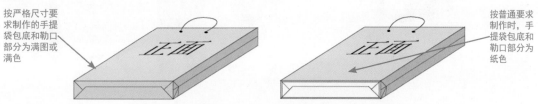

按严格尺寸要求制作的手提袋包底和勒口部分为满图或满色

按普通要求制作时，手提袋包底和勒口部分为纸色

图 9-84　手提袋勒口、包底分别使用满色或纸色进行制作

9.5　包装设计欣赏

完成本章内容的学习，希望读者能够掌握包装设计的制作方法。本节将提供一些精美的包装设计模板供读者欣赏，如图 9-85 所示。读者可以动手练习，检验自己是否也能够设计制作出这样的包装效果。

图 9-85　包装设计欣赏

9.6　本章小结

　　包装作为实现商品价值和使用价值的手段，在生产、流通、销售和消费领域中发挥着重要的作用。本章详细介绍了包装设计的相关知识，使读者对包装设计有更加深入的认识和了解，并且通过两个商品包装案例的设计制作，讲解了包装设计制作的方法和技巧，完成本章内容的学习，读者需要能够掌握常见包装的设计制作方法以及表现方式。